大师精华课系列

U0680808

逻辑学
原来很有趣
16位大师的精华课

齐露露 著

LOGIC
IS VERY
INTERESTING
THE ESSENCE OF 16 MASTERS

清华大学出版社
北京

内 容 简 介

　　本书围绕生活中经常出现的逻辑问题，选取16位享誉世界的逻辑学名家，把他们的观点以一种通俗易懂且趣味横生的方式介绍给读者。本书以课堂演讲的方式，让各位逻辑学导师讲解自己关于各类逻辑学命题的看法。同时，在观点的选择方面，更加注重读者的理解与应用。本书非常适合对逻辑学感兴趣的读者，以及想要了解逻辑学基本知识的读者。

图书在版编目（CIP）数据

　　逻辑学原来很有趣：16位大师的精华课 / 齐露露著. — 北京：清华大学出版社，2018
（2022.12重印）
　　（大师精华课系列）
　　ISBN 978-7-302-50681-2

　　Ⅰ.①逻…　Ⅱ.①齐…　Ⅲ.①逻辑学—通俗读物　Ⅳ.①B81-49

　　中国版本图书馆 CIP 数据核字（2018）第 163519 号

责任编辑：刘　洋
封面设计：徐　超
版式设计：方加青
插画绘制：黄倩颖
责任校对：王荣静
责任印制：曹婉颖

出版发行：清华大学出版社
　　　　　网　　　址：http://www.tup.com.cn，http://www.wqbook.com
　　　　　地　　　址：北京清华大学学研大厦 A 座　　　　　邮　　编：100084
　　　　　社 总 机：010-83470000　　　　　　　　　　　　邮　　购：010-62786544
　　　　　投稿与读者服务：010-62776969，c-service@tup.tsinghua.edu.cn
　　　　　质 量 反 馈：010-62772015，zhiliang@tup.tsinghua.edu.cn
印 装 者：三河市东方印刷有限公司
经　　销：全国新华书店
开　　本：148mm×210mm　　　　　印　　张：8.25　　字　　数：190 千字
版　　次：2018 年 11 月第 1 版　　　印　　次：2022 年 12 月第 10 次印刷
定　　价：59.00 元

产品编号：078562-02

序

逻辑学是对思维规律的研究。逻辑和逻辑学的发展，经历了具象逻辑—抽象逻辑—具象逻辑与抽象逻辑相统一的对称逻辑这三大阶段。

可以这样说，逻辑学就是一门研究思维的学科。所有的思维都包含内容和形式这两个方面。思维内容指的是思维反映的对象及其属性；而思维形式则是指反映对象及其属性的不同方式，即表达思维内容的不同方式。

从逻辑学方面来看，抽象思维包含三种基本形式，即概念、命题和推理。同时，逻辑学又有狭义和广义之分。

狭义的逻辑学专门指代研究推理的科学，即仅研究如何从前提推导结果的科学。

广义的逻辑学是一种研究思维形式、思维规律和思维逻辑方法的科学。广义的逻辑学研究的范围较狭义的逻辑学的范围更大，是一种传统的认知，与哲学研究有很大的关系。整个逻辑学科的体系是十分庞大复杂的，如传统的、现代的、辩证的、演绎的、归纳的、类比的、经典的、非经典的，等等。

逻辑学作为一门科学的逻辑是非常古老的，历史悠久，源远流长。逻辑学有三大源头：古希腊的形式逻辑、中国先秦的名辩逻辑和古印度的因明。但其在应用上又是非常年轻的，不受年代的限制。

逻辑学是一门基础性的学科，在研究逻辑学基本理论时，更讲究其学科普遍适用的原则和方法。同时，逻辑学又是一门工具性的学科，它为包括基础学科在内的一切学科提供逻辑分析、逻辑批判、逻辑推理、逻辑论证的工具。逻辑学的重要性在这里也可见一斑。

面对"逻辑学"这个庞大的科学概念，你是否会感到困惑和迷茫？在听到一系列逻辑学思维、分析和推论时，你是否觉得毫无头绪，手足无措？

其实，了解逻辑学并不难，逻辑学也可以变得妙趣横生。《逻辑学原来很有趣》就是这样一本通俗的大众逻辑学读物。

本书能够引导每一位读者入门，不管是对逻辑学略知一二，还是根本就是零基础，本书都能让你从此之后，对逻辑学不再望而生畏。

本书包含逻辑学基础原理、逻辑学常用术语、论辩指南、奠定思维逻辑的基石、逻辑的怪圈、非逻辑思维的根源、逻辑学中的另类系统、数与量之间的逻辑、逻辑之奇葩的悖论、语言与人际沟通、逻辑的生长和变动等内容，可以说包罗万象，是逻辑学爱好者的读本。

当前，逻辑学也面临了全新的形式，因此，对于新出现的逻辑学问题，本书也为读者做出了详细的解读，这是新形势下读者的需要，也是我们对逻辑学的延伸和拓展。

此外，本书还有六大特色：只讲逻辑常识，以实用性为主；采用课堂手法，讲解逻辑学知识；给出有趣的逻辑现象；将逻辑学专业术语化繁为简；深入浅出地解析逻辑理论；配以图片，让读者更容易理解。

逻辑学是一门让人收获智慧与幸福的艺术。当你在社会交往时，最优先考虑的一定是逻辑学。因为逻辑学跟你的生活息息相关，无论是学习、工作、婚姻、社交等，逻辑学知识和原理无处不在。

本书的重点不在于教授读者那些深奥的理论，或者让读者学习繁杂的知识来分析逻辑问题，而在于逐步引导读者，让读者能像逻辑学家一样思考，用逻辑学家的思维去思考问题，用逻辑学方式解决问题。

本书能让你学会选择，做出正确的决策，理性生活，游刃有余。

读懂逻辑学，你的生活就能多几份保障，你的未来也会更加光明！逻辑学是聪明人的选择，请翻开本书，开始你的逻辑学之旅吧。我们期待与你有更进一步的交流！

序二

张萌是一名年轻的律师，虽然她在平日里严格要求自己，但总觉得在辩护的时候有些力不从心。张萌有一个后辈同事，刚毕业才几个月的时间，却在整个律师事务所都小有名气，这也让张萌十分羡慕。

一天，张萌刚结束了手头上的案子，恰好看到这个后辈同事从事务所出来，于是张萌便盛情邀请她吃午餐。

席间，张萌自然而然地把话题引到了辩护能力上。张萌一脸无奈地说："明明我已经在这个行业里做了两三年，却总还觉得有些吃力，你能把辩护工作处理得这样好，秘诀究竟是什么啊？"

这位后辈同事一听，神秘地对张萌笑了

笑："我哪有什么秘诀，不过是有几位德高望重的前辈提携罢了。"

张萌不信："什么前辈？我看你跟事务所里的前辈们都不怎么交往啊，难道……"

后辈同事赶紧打断了张萌："停！我实话告诉你吧，我是报了一个逻辑学的班。"

张萌一撇嘴："逻辑学的班？你大学可是从××毕业的吧？这可是逻辑学专业的翘楚大学啊，你还用得着报班？什么班能比专业的还要专业？"

后辈同事笑着低声说："我这个班里，老师可是不一般……你就相信我吧，保证没错！"

张萌将信将疑地看着眼前的后辈同事，觉得自己肯定是失心疯了，但是她还是抱着试一试的态度，跟着后辈同事来到了一座古香古色的建筑前。

后辈同事对张萌努了努嘴："喏，就是这儿了，进来吧！"

张萌推开了门……

目录

第一章
亚里士多德导师主讲
"逻辑的最后防线"

本章通过四小节内容，用幽默风趣的文字，以及诙谐易懂的配图，为读者详细讲述了逻辑学、真理和表达的关系。其中，罗列了亚里士多德的基本著作及名言名句，并对其作了详细的解读。本章适用于辩论家、学生及渴望提高逻辑思维能力的读者，相信阅读本章后，会对你有所帮助！

亚里士多德（Aristotle，前384—前322），古代先哲，古希腊人，世界古代史上伟大的哲学家、科学家和教育家之一，堪称希腊哲学的集大成者。他是柏拉图的学生，亚历山大的老师。

作为一位百科全书式的科学家，亚里士多德几乎对每个学科都做出了贡献。他的写作涉及伦理学、形而上学、心理学、经济学、政治学、教育学、诗歌，以及雅典法律。亚里士多德的著作构建了西方哲学的第一个广泛系统，包含道德、美学、逻辑和科学、政治和玄学。

第一节　吾爱吾师，吾更爱真理

站在大堂正中央的，是一位须发雪白的老人，他身上穿了一件亚麻布的长袍，脚上是一双凉鞋，动作举止十分夸张。

张萌一脸黑线地腹诽道："这难道是什么模仿秀吗？"

然而，当老人一开口，张萌便被深深地吸引住了："各位下午好，我是各位的逻辑学导师，我的名字，叫亚里士多德。"

张萌看着周围人，有社会工作者，还有一些学生，除了几个新进来的人外，其他人的表情都是一脸淡定。张萌的后辈同事对她调皮地眨眨眼，拉着她找了一个地方坐下。

刚坐下，亚里士多德老师用苍老的声音说道："今天，我在这间课堂里，以各位导师的身份，教授各位逻辑学知识。各位也应当知道，我也有一位著名的老师，他便是柏拉图。"

众人听闻柏拉图的名字，不由得纷纷点头。

亚里士多德老师的眼神里充满了憧憬，他说道："在众人之中，他是唯一的，也是最初的……这样的人啊，如今已无处寻觅！"

然而，亚里士多德老师的深情表白，学生们似乎并不买账。一位西装革履的年轻人笑着说道："亚里士多德老师，您说您崇敬您的老师柏拉图，但您在哲学思想的内容和方法上，与您的老师柏拉图却存在严重的分歧，您甚至不留情面地批评自己恩师的错误，这又怎么解释呢？"

张萌不由得暗暗咋舌。她已经百分之百相信，眼前的人就是亚里士多德，这位年轻人如此出言顶撞，亚里士多德老师难道不会生气吗？

张萌用余光看了看周围，果然很多学生的脸上都露出了一丝担忧。

然而，亚里士多德老师却和善地笑了笑："在探究真理的道路上，我怎么能畏惧权威和传统呢？我确实很崇敬我的恩师，但我不能因为他是我的恩师，就对他的错误熟视无睹，我不能让愚敬盲目了自己的眼睛。"（见图1-1）

亚里士多德老师看着一脸若有所思的学生们，用沧桑的嗓音说道："虽然我是柏拉图的学生，但却抛弃了恩师的唯心主义观点。我的恩师认为，理念就是实物的原型，理念是不依赖于实物而独立存在于这个世界上的。但我不这么认为，我认为世界就是由各种各样的东西组成的，它们本身的形式与质料和谐一致地共同组成了这个世界。"

图 1-1　吾爱吾师，吾更爱真理

张萌知道，亚里士多德老师有一个著名的理论："质料"即事物的组成材料，而"形式"则是每一件事物的个别特征。

亚里士多德老师仿佛看到了张萌的想法，笑着说道："就比如一只扑扇翅膀的鸡，这只鸡的'形式'就是它会扑扇翅膀、会打鸣，或者会下蛋等。当这只鸡死掉时，鸡的'形式'也就不存在了，唯一剩下的就是鸡的'质料'。"

学生们都纷纷点头。在现在的科学条件下，大家都知道世界是唯物的，但在古希腊时期，尤其在柏拉图老师的光芒下，亚里士多德敢于思考，能向权威抗争确实是一件很不容易的事情。

亚里士多德老师的神情很缥缈，似乎思绪已经把他带回了遥远的过去。他用沧桑的语气说道："柏拉图老师断言道，感觉不可能是真实知识的源泉，而我却认为，知识就是起源于感觉。在当时，我的这些思想已经包含了一些唯物主义的因素。"

张萌被亚里士多德老师的语气和神色深深地感染了，她不由得想到自己在律师事务所的一位前辈。这位前辈是张萌在大学期间的一位学长，无论是学习还是社团都相当优秀，因而也拥有了一大批校园"粉丝"，张萌就是其中的一员。

毕业后，张萌来到了前辈所在的律师事务所，前辈也认出了张萌，并且在第一天就给了张萌一个"忠告"：做律师，不是要还原真相，而是要维护你的雇主。

张萌一直把前辈的这句话奉为金玉良言，甚至没有考虑过这句话是否正确。如今听了亚里士多德老师的一番话，张萌才意识到自己被前辈的"光芒"迷住了双眼，失去了自己的思考。

亚里士多德老师说道："我其实和我的恩师一样，认为理性方案和目的是一切自然过程的指导原理。可是我对于因果性的看法比我的恩师更为丰富，因为我接受了一些古希腊时期对这个问题的看法。"

有位学生模样的女生举手示意，在得到亚里士多德老师的允许后，便开口问道："亚里士多德老师，请问您公然向恩师的权威进行挑战，舆论没有对您产生毁坏性的影响吗？要知道，即便是现在这个年代，对恩师尤其是权威提出挑战，也会被恶毒的舆论压得喘不过气！"

亚里士多德老师对这位女生笑着摆了摆手，示意她坐下后，很坦然地说道："当然，我的想法在当时也引来了很多人的指责，他们说'亚里士多德是背叛自己恩师的忘恩负义之徒'。然而，我对他们只回敬了一句话：'吾爱吾师，吾更爱真理！'"

这句响彻历史长河的话，也让在场的学生们的心绪久久不能平息。

第二节　关心逻辑，更关心人生

亚里士多德老师的"吾爱吾师，吾更爱真理"让在场学生们的心情久久不能平复。张萌也从亚里士多德老师身上学到了逻辑学的第一课：学会自己思考，挖掘真理比讨好权威更重要。

亚里士多德老师席地而坐，对学生们笑道："虽然我和我的恩师柏拉图站到了真理的对立面，但不可否认，也正是他成就了今天的亚里士多德。"

一位中年男子挺直了背，对亚里士多德老师说道："请问，我们应该如何做，才能像您一样优秀呢？我不想过没有意义的人生。"

亚里士多德老师笑着回答道："我在很多场合都说过，优秀是一种习惯。至于如何过更有价值的人生，我认为要靠逻辑学。在人生的岔路口，我们都会面临很多选择。人生其实说白了，就是逻辑思维的不断选择，进而叠加在一起形成的结果。"（见图 1-2）

大家都纷纷点头。人生的岔路口太多，需要做的选择也太多。如果没有逻辑学基础，就很有可能做出错误的选择，对自己造成不利的影响，甚至让自己后悔一生。

图 1-2　选择

　　亚里士多德老师接着说道："有的人在选择的时候，总喜欢另辟捷径，觉得与众不同的路更能让自己获得满足；有的人则喜欢踏实本分，一步一个脚印地走别人走过的路。我们不能说哪种人生更有意义。其实从概率上来讲，懂得逻辑学的人通常会选择大概率的途径来完成。"

　　亚里士多德老师看着一脸迷惑的学生们，无奈地笑着解释道："选择大概率事件途径完成一件事，就说明你成功的把握更大。如果你能力不够，却还要铤而走险、兵行险招，走别人未走过的路，没有可以参考的经验，失败的概率和风险就会很大。"

　　学生们点头称是，张萌自己就是喜欢特立独行、另辟蹊径的人。用同事的话来说，就是"'90后'总是喜欢与众不同的"。如今听了亚里士多德老师的一席话，张萌这才茅塞顿开，发现自己在逻辑学方面还差了十万八千里。

　　亚里士多德老师趁热打铁道："当然，就算你一步一个脚印，按照前人的路子走，也要注意不要复制前人的经验。"

一位穿着随意的年轻人忍不住张口就问："这又是为何呢？"

亚里士多德老师摊手道："我上节课刚说过，你们要学会自主思考啊。各位想一想，经验是一个人在当时、当地及根据自己的实际情况做出的选择，每个人的情况都不一样，遇事时的时间、地点、人物也是不断变化的，所以经验是不能复制的，但本质可以复制。认识了事物的本质才更有利于成功。"

大家纷纷颔首表示赞同。

亚里士多德老师感叹道："逻辑学对人生的作用实在是太大了。我经常对人们说，人生颇富机会和变化。人在最得意的时候，会有最大的不幸光临。这句话在中国也得到了同样的认证：祸兮福所倚，福兮祸所伏。这些逻辑学都对人生起到了至关重要的作用啊。"

大家都笑了，没想到这位古希腊的哲学家竟然对中国文化也有着如此高深的造诣。

亚里士多德老师接着说道："我是一向讲求勤奋努力，大家从我严谨的态度就能略知一二。"

学生们没有腹诽亚里士多德老师的自恋，因为大家都知道他只是在陈述一个事实。

亚里士多德老师说道："在逻辑学中，人生的最终价值在于觉醒和思考的能力，而不只在于生存。例如，你勤奋努力是为了工作，为了事业有成，为了让生活更好。事业就是你人生理念和实践的生动统一。此外，社会交往也是人生一大重点，逻辑也给社交带去了方法……"

学生们频频点头，可一位梳着马尾的女生却打断了亚里士多德老师的话："逻辑学是理性的东西，可是交朋友却是感性的，用理性思维去交朋友未免有些悲哀吧？"

张萌心里也有这样的疑惑，于是也竖起耳朵听听亚里士多德老师究竟有什么高论。

亚里士多德老师丝毫没有埋怨女生的无礼，而是声如洪钟地说："在不幸中，有用的朋友更为必要；在幸运中，高尚的朋友更为必要。在不幸中，寻找朋友出于必需；在幸运中，寻找朋友出于高尚。"

大家听完亚里士多德老师的这番话，纷纷沉默了，大家都在咂摸这番话的意味。张萌也陷入了沉思。

确实，交朋友的目的有两种，一种是心灵上的，一种是需求上的。在这个纷扰的世界中，知心好友不多，尤其是步入社会之后，大家交朋友的目的都转为了更物质的需求。

如今，跟张萌联系最多的不是高中、大学的好友，而是交通局、医院、教育局等行业的朋友。当然，张萌也是抱着诚恳的态度去与之结交的，但多多少少还是带着一丝功利的味道。

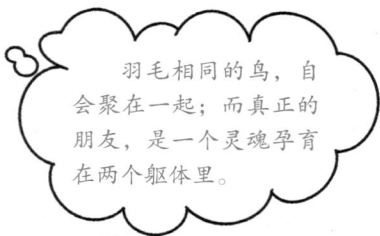

亚里士多德老师又搬出了自己著名的语句："羽毛相同的鸟，自会聚在一起；而真正的朋友，是一个灵魂孕育在两个躯体里。即便是知心好友，你对他也是有所求的，那便是心灵上的需求。因此，在社交过程中，逻辑学的运用是不可避免的。"（见图1-3）

大家都对亚里士多

图 1-3　心灵需求

德老师的逻辑思维表示心服口服。张萌暗想，自己总以为，只要不是在物质上互相利用的朋友，就是无欲无求的纯粹的朋友，如今听了亚里士多德老师的一番话，才知道心灵上的需求也是社交需求的一种，看来逻辑思维确实很重要。

亚里士多德老师还未等学生们咂摸完毕，就又冒出了金句："当然，社交还包括很多方面的交往。对上级谦逊是本分，对平辈谦逊是和善，对下级谦逊是高贵，对所有人谦逊是安全。"

大家听得如饮甘露，不由得大呼过瘾。一个大学生模样的男生忍不住说道："亚里士多德老师，您总能把话说得发人深思，您的语文老师一定很骄傲吧！"

大家纷纷笑起来，亚里士多德老师也笑了："哦，当然不，我亲爱的学生。要知道，我在青年时期，还是个口吃患者呢。"

此言一出，大家纷纷竖起耳朵，生怕漏了一丁点儿亚里士多德老师的"逆袭"之路。

第三节 "论辩指南"却不是个好辩手

亚里士多德老师看大家都竖起了耳朵，不由得笑道："看来跟理论知识相比，各位还是更愿意听故事啊！"张萌不好意思地挠了挠头，确实，故事要比理论知识更吸引人。

亚里士多德老师缓缓开了口："各位应该都知道，我在青年时期，是跟我的恩师柏拉图学习哲学的；而我在中年时期，还担任了马其顿王子亚历山大的老师；之后，领头开办了自己的学校，向学生传授知识。"

有一部分了解亚里士多德这段经历的学生不由得点了点头。

亚里士多德老师脸上一点儿也看不出骄傲，口气十分和缓地说："我写过一篇指导论辩的著作，名为《论辩篇》。因其在论辩方面享有一定的生命，故被人们誉为'论辩指南'。"

张萌连连点头，自己在律师事务所的时候，就拜读过亚里士多德老师的"论辩指南"。

亚里士多德老师无视了学生们崇拜的目光，摊手道："但事实上，我并不是一个好的辩手。在我的青年时期，我甚至还是一个轻度口吃的患者。虽然在漫长的岁月中，我治好了我的口吃，但是我却始终不能像优秀的辩手那样口若悬河。"

"而且，我甚至不是一个热心的听众，"亚里士多德老师无视了学生们诧异的表情，接着说道，"相信各位在任何史料上都无法发现，有我参加过任何一个辩论现场的记载。"

一个女生疑惑地摇了摇头，费解道："既然如此，那您的著作为什么会有'论辩指南'的称号呢？"

亚里士多德老师笑了笑，说道："这就是我这堂课的内容——语言和逻辑的关系。"

看着一脸费解的学生们，亚里士多德老师也不再卖关子了。他大大方方地说道："其实，我的辩论能力很弱，但我在语言方面有着较高的造诣。还记得我在中年时期，担任了马其顿王子亚历山大的老师，后来又在雅典建立了自己的学校。因为我口头表达能力很弱，所以我就一定要勤加练习。"

亚里士多德老师拿出一个写得密密麻麻的本子来，说道："各位可以看到，这是我对这节课内容所做的备课文案。在我的备课过程中，我需要把在课堂上讲的每一句话都写在讲稿上。"

张萌恍然大悟，这大概就是亚里士多德老师责任心的高度体现了吧，也是他的著述中为什么会有如此多的"我们首先要说明""我们说过""我的意思是说"等的缘故吧。

亚里士多德老师接着说："逻辑学与语言是密不可分的，我们需要把逻辑思维和语言联系在一起。因此，在脑子跟不上嘴，或者嘴无法表达思维的时候，语言就显得尤其重要了。"（见图1-4）

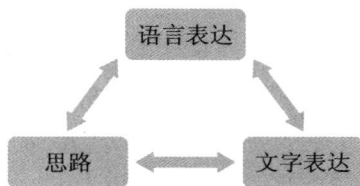

图1-4　逻辑关系

张萌不断地点头，确实，亚里士多德老师在语言表达方面甚至还不如一个普通的政客。但在其著作中却不难发现，无论亚里士多德老师的哪一部作品，其语言风格都是简练明晰的，尤其是亚里士多德老师在自己的著作中举例子的时候。

亚里士多德老师颇有洞察力地对着张萌一笑，说道："逻辑学的客观准确性，也要求我在做文章的时候，必须要有大量的具体例子作为自己观点的支撑。"

在场的学生们纷纷点头，亚里士多德老师举的许多例子，都是评论其语言造诣高低的一个标准。通过对语言的分析来阐述自己的逻辑观点，在亚里士多德老师关于逻辑学说的著作中也是司空见惯的一种手法。

张萌暗想："通过某些具体的例子，不难发现亚里士多德老师对语言的运用已经到了炉火纯青的地步了，甚至可以称作一门艺术！我在今后的辩护过程中，也要提前组织好语言，用真理和例子做好对辩护的支撑！"

亚里士多德老师笑着说："在我专门研究逻辑学之前，我对语言是有着浓厚的兴趣的。虽然我的口头表达能力欠佳，但语言研究确实是我逻辑研究的铺路石。很多时候，我都希望自己不仅是一个优秀的逻辑学家，还是一个优秀的语言学家。"

在亚里士多德老师的逻辑学著作中，语言就是一个基本的组成部分，也是最不会被忽视的组成成分。要知道，为亚里士多德老师的逻辑学说的建立和发展提供了充足的准备的，正是语言。并且，语言也为后世的学者提供了许多值得借鉴的逻辑学知识。

一位穿着白衬衣的男生举手问道："那么，亚里士多德老师，请问我们应当如何培养富有逻辑学的语言呢？"

亚里士多德老师笑着鞠了一躬："谢谢你，我刚要说到这个话题。逻辑学大致可以理解为对具体事物规律的抽象总结，因此，抽象思维的培养很重要，受教育程度越高，接触到的知识越趋于抽象，对于逻辑和复杂概念的把握能力越强，说话表达的逻辑性就会越强。"（见图1-5）

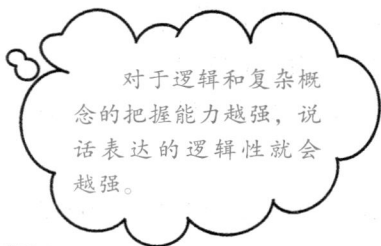

男生点点头，张萌也表示赞同，教科书上的文字往往比口头语言更有说服力。

亚里士多德老师继续说道："阅读和写作也是提升逻辑思维的重要方法，因为人的表达能力也是一个需要训练的过程。还有，虽然我个人对辩论并不热衷，

> 对于逻辑和复杂概念的把握能力越强，说话表达的逻辑性就会越强。

图1-5　逻辑思维与表达能力

但辩论无疑也是提升逻辑的好方法，它能提升你的反应速度和信心。对于我个人来说，少说话、多倾听也是很有用的，大家都知道，我自己就是一个反应速度不太出色的人。还有，对任何一个问题，都不要满足于一个单一的解释，要追求多角度的思维。"

看着大家在笔记本上"健笔如飞"，亚里士多德老师露出了一个调皮的笑容，拉长音道："最后，还有一个最重要的方法，那就是练习练习再练习！"

大家都笑了。张萌暗想：是啊，没有人天生就擅长逻辑表达，大家在逻辑上的差别就是经验积累。看来，自己的辩护能力的提升之路，还是相当漫长啊！

第四节　我被骗了吗

亚里士多德老师等同学们都记录完语言与逻辑之后，又悠悠地开了口："我来到中国后，发现了一个很奇怪的现象。中国很多小孩子学习都很认真，甚至每天都熬到凌晨才被允许睡觉，可是成绩就是不能提升，各位知道为什么吗？"

大家面面相觑，都说不出个所以然。张萌想到了自己的小外甥，他学习很认真，只要老师教过一遍的题，他绝对不会再错，但如果把题目换一种形式，他就又不懂了。家里人为这件事都操碎了心。

亚里士多德老师看大家一脸若有所思，于是神秘地开了口："其实原因很简单，那就是这些孩子欠缺逻辑能力！"

这句话仿佛点醒了张萌，她想起了在大学写毕业论文的时候，自己和其他人早早就开始着手准备，但有一个舍友却整天看电视剧。谁知，大部分人写了两三个月的论文，人家只用了一周就写完了，而且教授还不停地夸奖她写得好，还说一看她就是把时间都用在学习上的好孩子。看来逻辑真的是十分重要啊！

张萌又想到一件事：律师事务所的领导总是不停地给自己增加新任务，每当这时，自己的脑袋就只剩下了糨糊。反观别的同事，在接到新难题或新任务时却镇定自若，一会儿就能理出一个头绪。原来，我比他们就差了一个逻辑学啊！

亚里士多德老师笑着说："这还不算什么，我先来问问各位，都有被骗的经历吗？"

此言一出，学生们顿时七嘴八舌地讨论起来。有一个把袖子撸到胳膊肘的男生站起来，大大咧咧地说道："我先说吧，有一次我接到一个电话，对方一开口就知道我的名字，还说自己是警察局的，并且还用特别严厉的口气跟我说话。我这个人胆子大，别人诈唬我，我反而不容易上当，于是我就跟对方更大声地讲话。对方一听，语气就软了，换了一副特别专业的口吻，几句话就把我绕迷糊了，等我反应出不对时，几百块钱已经打到对方账上了。"

大家都纷纷笑了起来，亚里士多德老师也笑着挥挥手，示意这位男生坐下："其实，诈骗都有自己的一套逻辑，它就像一个钩子，一旦钩住你，后面就会针对你专门设定好一整套方案，环环相扣，让你不自觉地一步一步往里踏！"

一个女生也无奈地说道："我奶奶每个月都要花几千块，买一些所谓的'包治百病'的保健品！关键这个东西根本没效果，可是，即便保健品没效果，我的奶奶还是不停地买买买。原来这就是骗子在忽悠不懂逻辑的人啊！看来，我要教会我奶奶多思考！"（见图1-6）

图 1-6　骗局

　　亚里士多德老师赞许地对女生点点头，接着说道："在生活中，我们不但会遇到金钱方面的骗局，还会遇到一些'奇葩骗局'，而对你实施这些'奇葩骗局'的人，往往是你的亲朋好友，而且，他们的话貌似是真的有道理。"亚里士多德老师举例道：

　　"我朋友家孩子都结婚了，你也该结婚。"

　　"她不喜欢我，那就是恨我。"

　　"是中国人就必须转发起来。"

　　"这是我最喜欢吃的东西，你怎么可能不爱吃？"

　　"这个都是书上写的，能有错吗？"

　　"你一定要好好学习，如果不好好学习，就上不了好学校，上不了好学校就找不到好工作，找不到好工作就只能当乞丐，你现在不学习，难道想以后当乞丐吗？"

　　"他已经道歉了，你就原谅他吧。"

　　……

　　大家都笑了，张萌笑得尤其开心，没想到，这位看似古板的古希腊老师竟然对现代中国这么了解，而且语言如此风趣。

　　亚里士多德老师等学生们笑得差不多了，接着开口道："这

逻辑学就是人类的最强外挂。

图 1-7　逻辑能力

些强盗思维在人们的生活中占到了大多数，实则，这些话背后的逻辑都很有问题。可以这么说，逻辑学就是人类的最强'外挂'。"（见图 1-7）

在场的男生们听到"外挂"二字，都摩拳擦掌起来，誓要用心学好逻辑学。

"那么，什么是逻辑学呢？"亚里士多德老师总结，"讨论该事件漏洞，研究事实背后的逻辑，这就是逻辑学！生活时时用到逻辑学，人生处处需要逻辑学！"

张萌联想到当前社会现实的种种案例，不禁万分感慨。的确，现在不管是年轻人还是中年人，甚至是老年人，都应该培养和提高自己的逻辑推理能力和理性精神，这样才能避免"被套路"。

亚里士多德老师换上一副调皮的表情，说道："什么银行、警察局让我转账，什么家人朋友出事让我拿钱，什么中奖信息让我掏手续费，什么钓鱼网站，什么网购诈骗网站，什么投资骗局，有了逻辑思维，就不会再轻易上当，就能让自己的理智思维战胜感性冲动。对那些强盗思维和骗局说'不'，自己的思维要自己做主！"（见图 1-8）

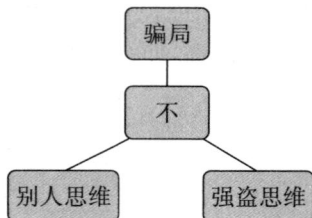

图 1-8　我被骗了吗？

教室里顿时响起了雷鸣般的掌声。亚里士多德老师愉快地站起身来，对学生们行了一个古希腊礼，然后在学生们的掌声中，缓缓地走下了讲台。

第二章
培根导师主讲"逻辑修辞使人善辩"

本章通过四个小节的讲解，系统解释弗朗西斯·培根的"批判旧逻辑"。同时，作者使用幽默诙谐的文字，给读者制造了一种轻松明快的氛围，让读者能在欢乐中提高自己的逻辑思维能力及逻辑修辞能力。本章适用于渴望提高口才，希望加强逻辑思维的读者。相信在阅读本章后，能对这部分读者有所帮助。

弗朗西斯·培根（Francis Bacon，1561—1626），第一代圣阿尔本子爵（1st Viscount St Alban），英国文艺复兴时期散文家、哲学家，英国唯物主义哲学家，既是实验科学、近代归纳法的创始人，又是对科学研究程序进行逻辑组织化的先驱。主要著作有《新工具》《论科学的增进》及《学术的伟大复兴》等。

弗朗西斯·培根被称为"唯物主义第一人。"弗朗西斯·培根的最大哲学贡献在于，提出了唯物主义经验论的一系列原则，制定了系统的归纳逻辑，马克思、恩格斯称他是"英国唯物主义的第一个创始人"。

第一节　批判：旧逻辑之殇

第二天，张萌按时来到了这个古香古色的建筑前。说实话，此时的她还未从亚里士多德老师的震撼中醒来。

说实话，张萌对逻辑学了解不深，甚至可以说是逻辑学小白，所以，她迫切地想学到逻辑学知识。一向循规蹈矩的她，从未对自己的思维方式产生过质疑，也没有对任何人的思维方式产生过质疑。亚里士多德老师的一堂课，无疑为她打开了逻辑学的大门。

今天，又是哪位老师来上逻辑学课程呢？

张萌踏进大堂，发现四周已经坐满了听众。她刚找到一个位子坐下，今天的逻辑学老师就缓缓地走到了讲台正中央。

老师刚上来，就引起了学生们吃吃的笑声。

张萌定睛一看，天哪，这位老师的穿着打扮也太奇怪了——大热天的戴个高礼帽，尖尖的"网红脸"上蓄了一撮小胡子，脖子上戴着一圈波浪形的白脖套，穿着一身密不透风的英伦绅士装，活像扑克牌里的 J 牌的图案。

这位奇装异服的老师真能讲好逻辑学吗？张萌不由得在心中爆发了疑问。

可是，大部分学生却眼睛发直地看着正中央的老师，低低地说出了一个名字："哦！快看！是弗朗西斯·培根！"

弗朗西斯·培根？张萌也倒吸了口冷气，即便她是逻辑学小白，但也是久闻弗朗西斯·培根大名的。

弗朗西斯·培根老师用手拨了拨自己的脖套，轻轻扇了扇风，说道："各位下午好，我是各位的逻辑学老师，弗朗西斯·培根。今天天气还真是炎热啊。"

一位穿着清凉的男生举手道："弗朗西斯·培根老师，您为什么不穿少点儿呢？大热天的就别戴脖套了。"

弗朗西斯·培根老师不以为然地回答："这可是绅士和礼仪的象征，怎么能随便摘掉？"

男生不理解地说："绅士这个称号可不是靠衣服就能得来的，您又何必拘泥于小节？"

弗朗西斯·培根老师露出轻蔑的神情，说道："瞧瞧，你这是在跟我辩论，以此来证明你的逻辑思维吗？你可知道，你这是犯了旧逻辑学的错误啊！"

男生有些脸红，张萌也有些不解，旧逻辑学是什么呢？

弗朗西斯·培根老师清了清嗓子，说道："旧逻辑学，又称传统的逻辑学，那是一种只求在争辩中战胜对方，而不求在实践中征服自然的手段。旧逻辑学只能被称为争辩的艺术，而不能称为发明的艺术。也就是说，旧逻辑只能用于辩论，强行让对方同意某个观点，却不能掌握事物的新知识。鄙人在制定科学归纳法时，就对传统逻辑提出了尖锐的批判！"

弗朗西斯·培根老师看着脸红的男同学，换了一副温和的口气："当然，我知道你本意并不坏。但每个人都有自己的思维，强行通过辩论的形式，硬让别人按照自己的想法去做可不是绅士应该做的事。"

男生点了点头，心悦诚服地坐下了。弗朗西斯·培根老师接着说道："正好，我就用自身的经历，来给各位讲一讲旧逻辑的坏处。"

大家一听有故事，都纷纷竖起了耳朵，聚精会神地听了起来。

弗朗西斯·培根老师说道："在我那个时代，教会掌握了大权。教会势力反对科学，也鄙视科学实验，他们利用经院逻辑，一直为上帝的存在做辩护。值得一提的是，教会的经院逻辑来源于亚里士多德老师的学说，但却歪曲了亚里士多德老师的学说。这种经院逻辑束缚了人们的头脑，同时也严重阻碍了科学的进步和发展。"

大家通过弗朗西斯·培根老师的描述，仿佛回到了那个灰暗的年代。

弗朗西斯·培根老师接着说道："当然，在我看到了这种现象后，就一直致力于批判经院逻辑脱离自然，脱离生活。我还毫不留情地指出：经院的'哲学家'们不但身子被关在僧院和学院中，就连智慧也被关在狭窄的阴洞里。"

学生们听得热血沸腾，在心里纷纷赞美老师。

弗朗西斯·培根老师旁若无人地接着说道："这些教会所谓的'理论'，靠的只是自己脑子里的臆想，再用语言将其臆想编织出来，只是玩弄概念的文字游戏。这种'理论'能说，却不能生产。我不否认它富有争辩性，但却没有什么实际效果，空空洞洞，是一种完全对人无益的、对自然和世界的认识和改造无益的堕落的学问。"

弗朗西斯·培根老师用颇为自得的语气"谦虚"道："鄙人对旧逻辑进行了尖锐的批判，在当时直接地、沉重地打击了经院哲学的思想统治，帮助人们解放了思想，摆脱了经学的思想禁锢。同时，鄙人还阐明了研究事物、发现事物的规律，必须寻求新的途径、新的方法，鄙人也为新方法的创立扫清了障碍。"

"那么，新逻辑又是什么呢？"张萌忍不住开口问道。

弗朗西斯·培根老师热的通红的脸上露出一抹自豪的神色："新逻辑就是我开宗立派而成立的归纳大法。"

大家都笑了，弗朗西斯·培根老师也真是能虚张声势，非要把自己的归纳法叫作归纳大法。不过，他的归纳法也确实担得起这个名字。

学生们纷纷侧耳，准备听弗朗西斯·培根老师细细道来——

第二节　开宗立派：从归纳大法讲开去

弗朗西斯·培根老师认为，旧逻辑对科学不但没有帮助，反而还会禁锢思想。因此，弗朗西斯·培根老师决定开宗立派，创造一个全新的逻辑方法。

弗朗西斯·培根老师说道："一个人如果跑错了方向，那么越是努力，越是跑得快，就会迷失得越厉害。而我的主要任务，就是把一种较为完善的，对于人的心灵的使用和应用有用的逻辑介绍给人们，发明一种新工具，为人们提供更可靠的指导，提供更有效的工具。也是基于此，我在对旧逻辑批判的基础上，提出了以观察和实验为基础的新工具——科学归纳法。"（见图2-1）

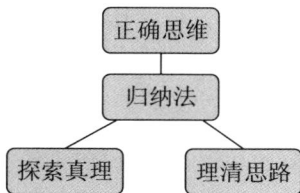

图 2-1　归纳法

弗朗西斯·培根老师慷慨激昂地说道："我认为，归纳法是从事物中找出公理和概念的妥当方法，同时也是进行正确思维、探索真理的重要工具。"

弗朗西斯·培根老师说道："值得一提的是，我的归纳法是排除归纳法。我认为，以往的枚举归纳法都是少数例证的累积，其结论都是极其不可靠的，经常被相反的例证推翻。因此，我的归纳法不是简单的枚举归纳法，而是排除归纳法，这更符合科学需要。"

"此外，从我的归纳法中演变出的不完全归纳法，在国际上也是享有盛名的，"弗朗西斯·培根老师说道，"这种不完全归纳法又被称为'公鸡归纳法'。"（见图2-2）

> 我已经吃了九十九天米，明天肯定还有米。

图2-2　公鸡归纳法

张萌一愣，不由得脱口而出："'公鸡归纳法'？"

弗朗西斯·培根老师笑着看着张萌："别急，我给你举个例子你就明白了。有一个农妇，她养了十只小鸡。按照农妇的惯例，她会把母鸡养大，然后让它生蛋；而公鸡则是养到第一百天，然后被杀掉。按照公鸡的惯例，它会想'第一天早晨有米吃，第二天早晨有米吃……第九十九天早晨有米吃，今天第一百天早晨，一定有米吃'。但是农妇却在第一百天的时候杀掉了公鸡。公鸡有九十九天的吃米经验，却不能证明在第一百天也有米吃。"

张萌恍然大悟，看来逻辑学果然博大精深，不能按照惯常思维来想问题。

弗朗西斯·培根老师继续说道："再有就是，我的归纳法有很大一部分工作，就是做分析的工作。"

看着学生们懵懂的眼神，弗朗西斯·培根老师无奈地说道：

"也就是说，我需要从众多繁杂、混乱的事物中，把那些非本质的、偶然的东西剔除掉，从而提炼出抽象却必然的本质。"

看到学生们了然的样子，弗朗西斯·培根老师得意地说道："为此，我专门提出了'三表法'，专门针对感性材料进行整理。好啦好啦，我知道各位对我的'三表法'不甚了解，还是让鄙人详细解读一下吧。"

大家都露出了心照不宣的笑容，弗朗西斯·培根老师详细解读道："三表法，说白了就是寻求因果联系的方法。第一表即'存在表'，第二表即'缺乏表'，第三表即'比较表'。鄙人提出这三种表的功能，其实都是为了给理智提供例证。"

"我认为，旧归纳逻辑的不足，就在于它没有运用到分析的方法，也没有否定例证的列表。那么，如果有了否定例证的列表，再用分析法，在'比较表'中，就更容易体现事物的因果关系，对于探寻事物因果的必然性也是有所助益的。"

张萌点了点头，看来，弗朗西斯·培根老师的思想源流，在某种程度上也受到了亚里士多德老师的思想启发。弗朗西斯·培根老师认为要把握自然，就必须把自然分解成'组成因素'去加以理解。弗朗西斯·培根老师的归纳法，所要寻求的就是事物的简单性质的形式。

弗朗西斯·培根老师骄傲地说道："我不但批判了顽固不化的经院哲学家，而且批判了爬行经验主义者，在我看来，他们就是蜘蛛和蚂蚁！要知道，他们的认识方式不可能给人们带去真理。人们应当把感性经验和理性分析结合在一起，形成一种像蜜蜂一样的认识方式，这才能真正帮助人们获取正确认知！"

学生们纷纷点头，弗朗西斯·培根老师的归纳法，毫无疑问是与实验自然科学的兴起相适应的。

弗朗西斯·培根老师说道："要认识自然现象的原因和规律，各位绝对不能只靠想象和揣测，只有亲自进行了观察和实验，才能品尝到真理的甘甜。"

张萌和其他学生听得热血沸腾：是啊，弗朗西斯·培根老师的归纳逻辑的基础和出发点不是哲学家的直觉，而是实验科学家的实践。弗朗西斯·培根老师的归纳法，在使用方面逐级上升，直到最后才达到普遍的公理的方法。这是一件多么难能可贵的事情！

唯物主义自我而始。

图 2-3 唯物主义

"对新中国影响深远的马克思说过：'唯物主义在他的第一创始人培根那里，还在朴素的形式下包含全面发展的萌芽。'不错，鄙人的归纳方法论就包含了某些朴素的辩证法因素。"弗朗西斯·培根老师挺直了胸膛说道。（见图 2-3）

张萌和其他同学一起笑了，没想到这位弗朗西斯·培根老师，竟然还知道马克思对中国的深远的影响。

弗朗西斯·培根老师博学地说道："我的归纳逻辑和旧逻辑不同，旧逻辑是不变的、僵化的，是一种教条主义。而我的归纳逻辑却是不断发展的。我说过这样一段话，如今再把这段话送给各位：'其归纳法不是尽善尽美的，不是再不容有所改进了，而是随着发现之前进而前进。'这段话也证明了我归纳逻辑的正确性。"

一位扎着双马尾的女生听得如痴如醉，她一脸羡慕地问道："弗朗西斯·培根老师，我究竟需要怎么做，才能有像您这么好的口才呀？"

弗朗西斯·培根老师听了女生的夸赞，一脸从容地笑了笑："想要一副好口才很简单，最好的办法就是修炼你的逻辑思维！"

第三节　好口才，从逻辑思维的修炼开始

弗朗西斯·培根老师的一席话，让张萌不由得竖起了耳朵。张萌知道，自己在进行辩护时的主要问题就是表达能力不够。有时候，自己明明有很多话想说，却不知道应该如何开口，反而让对方的辩护律师乘胜追击，让自己节节败退。

锻炼一副好口才，这正是张萌迫切需要的。

弗朗西斯·培根老师看着学生们迫切的神情，也不再卖关子："我为什么说，好口才要从修炼逻辑思维开始呢？首先，如果你的逻辑思维能力足够强大，就能让你在说话的时候更有层次，你就不会因为前言不搭后语，或者因为语句重复而影响你的语言表达效果。"

张萌听得连连点头，这正是自己欠缺的。

弗朗西斯·培根老师接着说道："其次，你需要知道如何修炼你的逻辑思维。丰富的阅历会成为你的强大武器。各位可以试想，如果你的阅历丰富，话题就会增多，说出来的东西也会增多，话语内容会更加丰富，也更有利于你'出口成章'。"

张萌看见身边有几个很文静的女生点了点头，看来弗朗西斯·培根老师说到了她们的心坎上。

"还有，培养兴趣爱好是很有必要的。各位不难发现，自己

身边有很多人都很'博学'，不管别人说什么，他们都能扯上一点。对于自己喜欢的事情，表达出来也会相对流畅。"

张萌点点头，忍不住提问道："弗朗西斯·培根老师，我是一名律师，请问我该如何让自己的语言更有说服力？"

弗朗西斯·培根老师深深地看了张萌一眼，说道："律师啊，真是个不错的职业。你在辩护过程中，如果想用语言影响对方，不妨在平日训练时，多注意一下说话的语速、音调和口音，这些都会影响到最后表达带给人的感觉。"

张萌对弗朗西斯·培根老师感激地笑了笑，赶紧坐下来，以免耽误课堂。

弗朗西斯·培根老师环顾四周："各位，你们当中一定有很多人都有这样的困扰——自己的想法太多，总觉得自己的逻辑思维很混乱。例如，当你想做一件事的时候，脑子里却突然想到还有其他的事情没有做，然后你就会陷入混乱的纠结。有的人会做一个计划表，但计划总是赶不上变化，在事情发生变化的时候，想法很多，却又不知从何下手。"

弗朗西斯·培根老师的话，让在座的每个学生都表示强烈赞同，仿佛弗朗西斯·培根老师说的这个人就是自己。

弗朗西斯·培根老师露出一个调皮的笑容："再如，我在这里讲课，有的学生却抓不住我内容的主线；在看书的时候，总是忘记前面的内容，不能让前后串联起来；在与领导、客户等人交谈时，做不到快速领会对方的意图，并做出有价值的回答。"

有一个带着北方口音的男生立马回应道："弗朗西斯·培根老师，您说得太对了，我就是口才不好，而且总被人说成'反射弧长'。我想说的东西有很多，却不知道应该先说哪条，导致事情不能按我想的节奏发展。我也会列计划，但是计划赶不上变化，让我很烦躁。如今听了您的话，我才发现，口才和逻辑思维本就是一脉相承的，逻辑混乱的人口才怎么会好呢？"

弗朗西斯·培根老师笑着挥了挥手："我亲爱的学生，当你说出这段话的时候，你就已经走在提升逻辑能力的路上了，恭喜你！首先，你已经初步认识到了自己逻辑问题的根源：想法太多，却不能及时梳理；其次，你看到了自己烦躁的原因：事情不能按照你期望的方向发展，列的计划不能得到顺利施行；最后，你还认识到：口才好的基础是修炼逻辑思维。这些都体现了你的逻辑能力，实际要好于你对自己的评估。"

男生有些不好意思地挠了挠头，弗朗西斯·培根老师接着说道："我还想说，其实，你可能已经找到了锻炼逻辑能力的好方法，只是自己还没有意识到这一点。想必亚里士多德老师也跟你说过了——把自己的想法写在纸上。书写，实际上是一个梳理思路的过程。书写能让你的思路更加清晰，也能让你更好地思考。"

弗朗西斯·培根老师停顿了一下，问道："刚才你也说过，你的想法太多，而且有列计划的习惯，对吗？"男生点点头表示肯定。

"想法太多，可以通过书写把你的想法一条一条地列在纸上，"弗朗西斯·培根老师说道，"这样一来，你就能很清晰地看到，对你而言最重要的事情是哪些。然后一条一条地划掉对你来说不重要的事情。做减法，就等于止损。"（见图2-4）

男生忍不住拍手道："是这样的，弗朗西斯·培根老师，我总会因为盲

做减法，就等于止损。

图 2-4　止损

目的行动，损耗不必要的精力，还不如按您说的，留出精力，做一些有利的事情。"

弗朗西斯·培根老师赞同道："不错，这样就不会莽撞冒失。你的逻辑思维也会像你在纸上列出的条理清晰的思路一样，随着一次次地梳理，随着一次次地追问自己：这是我想要的吗？相信你的困扰也会随之减少。"

大家都忍不住鼓起掌来，有个女生等掌声渐小后，举手示意道："可是，弗朗西斯·培根老师，我的口才还是不错的，但我不聪明，反应太慢，请问逻辑思维能让我变得更聪明吗？"

弗朗西斯·培根老师笑得很亲切："当然，我亲爱的学生，你想变得聪明其实很容易，只需要多做几道逻辑谜题！"

第四节 聪明与不聪明之间差了一百个逻辑谜题

"逻辑谜题？"大家都愣了一下。

张萌却没有表现太多的惊讶，毕竟自己是一名律师，平时经常和同事们做各种案件推断。

弗朗西斯·培根老师笑着说："我先来给各位出道逻辑谜题吧：有三位神祇，分别是真话神、假话神和任意神。真话神只能说真话，假话神只能说假话，任意神的真假话则是完全随机的。现在，我需要各位用已知条件来辨别出三位神祇分别是什么身份。"（见图 2-5）

学生们听完题目的前提，纷纷摩拳擦掌地旋开了笔，摊开了笔记本，大家都暗暗较着劲儿，想揭开弗朗西斯·培根老师的逻辑谜题。

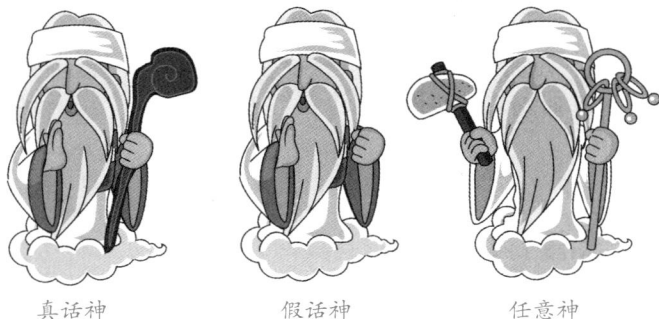

真话神　　　　　假话神　　　　　任意神

图 2-5　逻辑谜题

看到学生们干劲满满的样子，弗朗西斯·培根老师满意地继续说道："各位只能问三个问题，且神祇的回答只能是'是'或'否'，每个问题只能针对一个神祇。在神祇的语言里，'yh'和'np'分别代表'是'和'否'，但你不知道究竟哪个代表'是'，哪个代表'否'。各位都听明白题目了吗？"

学生们纷纷表示听明白了，然后陷入了苦思冥想中。

张萌迅速回顾了一下题目，发现自己的思维有些混乱。但她深吸了一口气，让自己的心平静下来，然后开始慢慢推理：

神祇一共有三位，暂时用甲、乙、丙来代替，出现的情况只能有三种情况。

第一种情况：

问甲："如果我问乙，'yh'的意思是否等于'是'，乙会如何回答？"

如果甲保持沉默，就能推断出乙为任意神，因为任意神给出的答案是随机的，甲不能预料到乙会给出什么答案。

再问甲："如果我问丙，'yh'的意思是否等于'是'，丙会如何回答？"

甲回答"yh"或者"np"。

再问丙："'yh'的意思是否等于'是'？"

丙回答"yh"或者"np"。

如果甲和丙的回答是一样的，则甲是真话神，丙是假话神；如果回答的答案不一样，则丙是真话神，甲是假话神。

在这种情况下，结论：乙为任意神，甲和丙是真话神或者假话神（也就是说，甲、丙的身份由甲、丙的答案是否相同而确定）。

第二种情况：

问甲："如果我问乙，'yh'的意思是否等于'是'，乙会如何回答？"

甲回答"yh"或者"np"，由此可以推断出，乙一定不是假话神，因为若乙为假话神，甲只能保持沉默。

再问乙："如果我问丙，'yh'的意思是否等于'是'，丙会如何回答？"

乙回答"yh"或者"np"，由此可以推断丙一定不是假话神，理由同上。这样一来，甲就一定是任意神。

再问丙："'yh'的意思是否等于'是'？"

丙神回答"yh"或者"np"。

如果乙和丙的回答是一样的，则乙是真话神，丙是假话神；如果回答不一样，则丙是真话神，甲是假话神。

在这种情况下，结论：甲为任意神，乙和丙是真话神或者虚伪神（乙、丙身份由乙、丙的答案是否相同而确定）。

第三种情况：

问甲："如果我问乙，'yh'的意思是否等于'是'，乙会如何回答？"

甲回答"yh"或者"np"，由此可以推断，乙一定不是假话神，因为乙为假话神，甲只能保持沉默。

再问乙："如果我问丙，'yh'的意思是否等于'是'，丙会如何回答？"

乙保持沉默，由此可以推断甲为任意神，因为任意神答案是随机的，所以乙不能做出选择。

再问乙："'yh'的意思是否等于'是'？"

乙回答"yh"或者"np"。

如甲和乙的答案是一样的，则甲是真话神，乙是假话神；如果回答的答案不一样，则甲是真话神，乙是假话神。

在这种情况下，结论：丙为任意神，甲和乙是真话神或者假话神（甲、乙身份由甲、乙答案是否相同而确定）。

"真不愧是律师，"弗朗西斯·培根老师出现在张萌身后，看着本子上的思路笑着赞叹道，"这么快就把逻辑谜题解出来了。"

张萌不好意思地笑了笑。弗朗西斯·培根老师环顾四周，看大家都解答得差不多了，露出了满意的神情。他开口道："在解答逻辑谜题的过程中，各位会运用到排除法、假设法和综合法等常用的解题方法，这会让各位的逻辑思维能力得到很大的提升。"

弗朗西斯·培根老师说道："游戏总是比枯燥的理论更能吸引人。很多人认为，逻辑理论比逻辑游戏更为专业，甚至认为逻辑游戏是没有意义的，这就大错特错了。至少对于我来说，逻辑谜题能让我专注，能帮我抚平焦躁，甚至能预防我得老年痴呆。"

（见图2-6）

大家都笑了。弗朗西斯·培根老师还是一如既往的幽默。

弗朗西斯·培根老师接着说："逻辑谜题能够开阔人们的思维，还可以提升创造力，训练脑细胞，可谓是好处多多，希望各位在课下也能多做逻辑谜题，提升自己的逻辑能力。"（见图2-6）

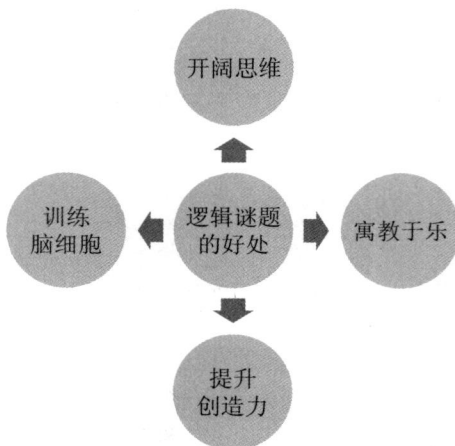

图 2-6　逻辑谜题的好处

话音刚落，大堂里就响起了热烈的掌声，弗朗西斯·培根老师向学生们鞠了一躬，慢慢地消失在大家的视野中。

第三章
休谟导师主讲"奠定
思维逻辑的基石"

本章通过四个小节，详细介绍什么是"奠定思维逻辑的基石"。同时通过大量佐证，帮助读者理解。本章内容翔实有趣，配图简单易懂，文字生动活泼。读者可通过师生间的对话，准确把握思维逻辑的重要性。本章由大卫·休谟导师主讲，历史学家们将大卫·休谟的哲学归类为彻底的怀疑主义，如逻辑实证主义。其内容适用于希望提高自身逻辑思维能力，提高独立思考能力的读者。

大卫·休谟（David Hume，1711—1776），苏格兰不可知论哲学家、经济学家、历史学家，被视为苏格兰启蒙运动及西方哲学历史中重要的人物之一。

大卫·休谟的哲学受到经验主义者约翰·洛克和乔治·贝克莱的深刻影响，也受到一些法国作家的影响，他也吸收了各种英格兰知识分子如艾萨克·牛顿、法兰西斯·哈奇森、亚当·斯密等人的理论。

第一节　去伪存真的命题与定义

昨天，弗朗西斯·培根老师给张萌上了深刻一课。那堂课不但让张萌对逻辑学有了更深入的了解，而且让她懂得了如何修炼逻辑能力，以此提高自己的智力与口才。

张萌抱着笔记本，早早来到了课堂中，今天又是哪位逻辑学老师传授知识呢？抱着这样的想法，张萌找了个坐位迅速坐好，然后开始回忆上堂课的内容。

这时，一位穿着苏格兰传统服装的"妇女"迈着轻快的步伐走上台来。张萌不由得微微侧目，这位女老师是今天的讲师？

大家也都用同样的心思看向讲台。这位"妇女"愉快地开了口，声音竟是十分纯正的男中音："嗨，各位下午好！我是今天的逻辑学老师，大卫·休谟。"

大卫·休谟老师看着学生们惊讶的表情，不禁有些自得。可他万万没想到，大家并不是对他的名字惊讶，而是惊讶好端端的女老师，怎么一开口就变成了男人。

一个男生忍不住道歉："大卫·休谟老师，实在对不起，我们刚刚还以为您是一位女教师。"

大卫·休谟老师一听，脸色立马涨成了茄子色："什……什么？你竟然……咳咳，看来我不得不给你们上一课了。"

大卫·休谟老师咳嗽了一阵，在小黑板上写了"去伪存真"四个大字，然后一本正经地说道："同学们！你们知道这四个字是什么意思吗？"

大家都点了点头，这四个字还是很好理解的。大卫·休谟老师接着说："去伪存真，在逻辑学中的意思，就是让各位辨别虚假的事物。就好像刚才这位男同学说的，我确实长相有些女性化，但你们需要运用逻辑学的思维方法，透过现象看本质。毕竟，我的外表还是有很多男性特征的！"

大家都不好意思地笑了。大卫·休谟老师调皮地眨眨眼睛。

"好了，各位，闲话少叙。我这节课就先来讲一讲如何去伪存真，"大卫·休谟老师拍了拍手，"要做到去伪存真，就不得不提到逻辑学中的定性分析法。定性分析就是对研究对象进行质的方面的分析，主要是解决研究对象'有没有'和'是不是'的问题。具体地说吧，就是运用归纳和演绎、分析与综合及抽象与概括等方法，对获得的材料进行思维加工，去粗取精、去伪存真、由表及里，达到认识事物本质、揭示内在规律的目的！"（见图 3-1）

一个女生小声说道："也就是学会拨开迷雾面纱，看到事物本来的面貌。"

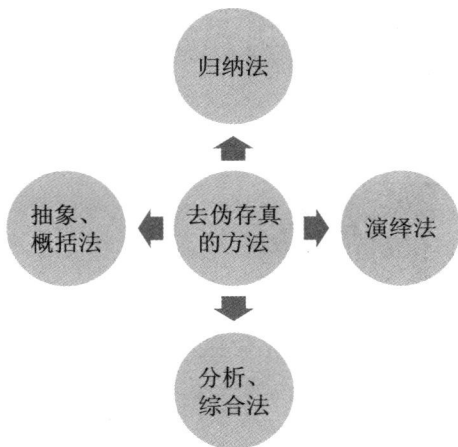

图 3-1 去伪存真的方法

大卫·休谟老师大声赞同道："这位同学说得不错，只有看到事物本质的东西，才能正确地描述一个事物，揭示它与其他事物之间的关系。当然，它只能分辨出事物指标的高与低、长与短、大与小等概念标准。定性分析定性研究分为三个过程：分析综合、比较、抽象和概括。"

一位教师模样的中年男子推了推眼镜，提问道："那么，我们应该如何定性分析事物呢？"

大卫·休谟老师伸出张开的双手，笑道："方法很简单，一共有十种，只要学会了这十种方法，各位就能看清事物的本质！"

大家听后，都摩拳擦掌地表示洗耳恭听。大卫·休谟老师笑着说："第一种方法便是因果分析法。在这种方法中，各位要分清因果地位，注意因果对应，因为所有结果都是由一定的原因引起的，一定的原因会产生一定的结果。因果是一一对应、不能混淆的。此外，还要从不同的方向，用不同的方式进行因果分析，这也有利于发展多向性思维。"（见图3-2）

从不同的方向，用不同的方式去进行因果分析，有利于发展多向性思维。

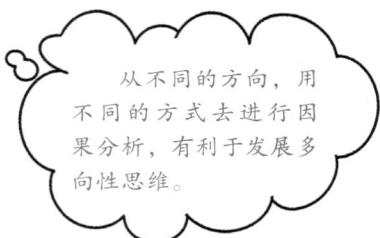

图 3-2　多向性思维

张萌点点头，有因必有果，就是这个道理了。

大卫·休谟老师继续说道："第二种方法便是可逆分析法：作为结果的某一现象，是否能反过来变成原因？这也是摸清事物本质的好方法。"

"第三种便是结构分析法。结构分析法，就是对系统中各组成部分，及其对比关系变动规律的分析，"大卫·休谟老师解释道，"结构分析主要是一种静态分析，就是对一定时间内，系统内各个组成部分变动规律的分析；也可以是动态分析，即对不同时期内系统结构变动进行分析。"

"第四种是比较分析法，"大卫·休谟老师笑着说，"这种逻辑方法应该是最常用的方法，也是各位比较容易理解的方法。它既研究事物之间的共同点，又要分析事物之间的不同点。分析手段有正反比较分析、横向比较分析和纵向比较分析。"

大卫·休谟老师等大家记得差不多了，接着说道："第五种是分类分析法。分类可是逻辑方法中的重点之一，各位可以把无规律的事物分成有规律的，按照事物的不同特点分类，让事物变得更清晰明了。"

张萌也听事务所的前辈说过，在辩护过程中，经常会把文件进行分类。分类就是指将具有共同特点的个体对象归为一类，并把具有共同特点的类集合成类的思维过程和方法。

大卫·休谟老师拍拍手，吸引了学生们的注意力："第六种方法被称为普遍联系分析法。也就是说，把事物作为个体，放到整体大环境里进行认识和分析，从而了解基本事物的某方面特性。"

"第七种是概念分析法，即根据事物的概念内涵、外延和字面来解析认识事物；第八种是现象分析法，也就是通过事物的表象来分析事物的某个方面；第九种是归纳分析法；第十种是演绎分析法。以后我们会详细讲到。"大卫·休谟老师一语带过。

张萌匆匆记录下来，大卫·休谟老师看着健笔如飞的学生们，换了一副调皮的面孔："嘿，各位，不知道你们有没有读过我的《人性论》呀？"

几个学生咋舌道："您这是在给自己打广告啊。"

大卫·休谟老师愉快地说："虽然这样有自夸之嫌，但我还是要给各位讲讲我的《人性论》，相信一定会对各位的逻辑思维有所助益，且听我慢慢道来——"

第二节　人性论：万物皆有其根源

大卫·休谟老师一边说，一边举起自己的著作《人性论》，笑着说道："各位，我在拙作中的开篇便讲了，万物皆有其根源，我们的知觉也不例外。在我看来，人性一词并非是道德词汇，而是指人类获得概念知识和意念知识的认识思维活动。"

张萌听得有些云山雾罩，其他学生也是一脸云里雾中。大卫·休谟老师无奈地解释道："在一般的语境中，我的'人性'指以求知为对象的哲学认识思维活动；在特殊的语境中，我的'人性'则是指这种哲学认识思维活动所获得的关于求知的知识理论。"

张萌理解了，大卫·休谟老师的"人性"，其实就是在研究人类的求知欲。

大卫·休谟老师说道："在我看来，人类的知觉都可以分成两种，一种是印象，一种是观念。而印象与观念的区别，就在于它们的强烈程度和生动程度各不相同。"（见图 3-3）

大卫·休谟老师举了一个例子："各位可

> 人类的知觉都可以分成两种，一种是印象，一种是观念。

图 3-3　人类的知觉

以试想，当一个美丽的女子，或英俊的男子走入你的视线，你的第一印象一定是强烈的美感享受，这就是对方给你留下的印象。"

大家都笑了起来，大卫·休谟老师愉快地接着说："至于观念这个词，不强烈，不突然，却更能影响你。当你与美丽的女子或英俊的男子接触了一段时间后，发现矛盾很深。例如，你很喜欢狗，对方却讨厌动物，这时候，你就会产生一些情感或者情绪，这便是观念。观念会除去那些由你视觉或触觉而引发的知觉，并可能引起你的快乐或不快。"

"我们人性的根源，其实就在于知觉。我相信，每个人都能分清感觉和思维的区别，因为二者的区别通常很容易被发现。例如，在睡觉、生病、生气等情绪比较极端的时候，我们的观念就会更接近于印象。"

一个穿着时尚的女生问道："大卫·休谟老师，我们的印象和观念太浅显了，其实还有更深层次的知觉，对吗？"

大卫·休谟老师赞许道："没错，印象和观念两项只是简单知觉，也就是简单的印象和观念，不容再区分或分析。还有一种复合知觉则与此相反，可以区分为许多部分。"

大卫·休谟老师拿出一个苹果，说道："就像我手中的苹果一样，各位很容易分辨出苹果的颜色、味道和口感，这些都是我们对苹果的简单知觉。通过这些区别，我们给苹果的构成要素进行排列，就可以更精确地研究苹果的性质和关系，这就上升为复杂知觉了。"

说着说着，大卫·休谟老师闭上了双眼："就像我闭着眼睛回想我的房间时，我所形成的观念，就是我对房间的印象的精确表象，观念中的任何情节都能在印象中找到。观念与印象似乎永远是相对应的，但也有特殊情况，这就涉及复合观念。"（见

图 3-4）

图 3-4　幻想

看着大家懵懂的眼神，大卫·休谟老师又举了一个例子："各位想必也遇到过这样的情况，如果我说马尔代夫，碧海蓝天沙滩的景象就会浮现在各位的脑海里，可能各位从未去过马尔代夫；再或者，各位去过纽约，但你们就能断言，你对纽约形成的观念，就是纽约的全貌吗？"

张萌摇了摇头，这确实是人性知觉的神奇之处。

大卫·休谟老师慷慨激昂地说道："因此，我们的复合印象和观念，一般说来虽然和现实极为类似，但却又互相区别。同样，每个简单观念也都有和其相似的简单印象，每个简单印象都有一个和它相应的观念。"

这次，不等学生们发问，大卫·休谟老师就主动作了解释："比如说'刺目'这个观念，跟在阳光下刺激我们眼睛的印象，实质上并没有什么差别。我们的简单印象和观念都是如此，各位随便想想，就能举出很多例子。"

一个爱较真的男生说道："万事总有特例吧？"

大卫·休谟老师摊手道："如果你想否认这种普遍的类似关系，我也不会说服你，只有一个要求，请你给我指出一个没有相应观念的印象，或者没有相应印象的观念。"

看得出来，这个男生在绞尽脑汁地思考，但最后还是放弃了，然后心悦诚服地继续听讲。

大卫·休谟老师接着讲道："还有，各位应该知道，简单的印象总会比它的相应观念早些出现，而从来不曾以相反的次序出现。"

张萌琢磨了一下大卫·休谟老师的话，发现确实如此。

"如果你想教给一个孩子，什么是红色和黄色，或者教给他甜味和苦味的观念，就必须先把这些事物具体地呈现在孩子面前，"大卫·休谟老师强调道，"换句话说，也就是把这些印象传达给他。"

大卫·休谟老师说："另外，无论心灵或身体的任何印象，都永远有一个和它类似的观念伴随而来，而且观念与印象只在强烈和生动程度方面有所差别。印象所占的这种优先性也同样地证明了，我们的印象是我们的观念的原因，而我们的观念不是我们的印象的原因。"

"各位，关于人性的认知方面，我要说的就这么多，"大卫·休谟老师说道，"下面，我要给各位讲一下人性方面的灰色地带。"

灰色地带？大家的耳朵都竖了起来，准备听听大卫·休谟老师的高论。

第三节 灰色地带及人为灰色地带

大卫·休谟老师对着学生们微微一笑，说道："各位想必都清楚，当今社会的灰色地带越来越多。当然，我不是针对中国，世界各国都是这样的。而造成灰色地带的原因也很简单。"

大卫·休谟老师清了清嗓子，正色道："这个世界中，没有什么是绝对的泾渭分明。因为黑和白都是极端的表现，而现实世界中，大部分的事情都不会如此两极分化。所以，人们就把那些不黑不白、不好不坏的事物统称为灰色地带。"

张萌点点头，确实，这个世界上哪有绝对的好坏呢？自己是个律师，照理说，法院应该是最黑白分明的地方，却还有"法外不外乎人情"一说呢。

大卫·休谟老师接着说道："灰色地带，就是指中间地带、临界地带。无论是地理位置、男女关系、经济收入等方面，灰色地带都多得很。可以说，灰色地带并不完全是贬义词，更多时候是中性词。例如，男女关系的灰色地带，就是暧昧关系；经济收入的灰色地带，就是接私活、挣外快等。"

张萌表示同意，但灰色地带也常常代表不好的东西，如真相不能被清晰地确认出来。在张萌的工作中经常出现这种情况，这也使她不得不打起十二分的精神来面对它们。

大卫·休谟老师很认真地说："其实，灰色地带大部分是人为的，也就是人为灰色地带。人为灰色地带出现的主要原因，就是有些人需要利用这个地带，满足自己的欲望。"

很多学生都露出不忿的神色，看来平时都没少吃"灰色地带"的亏；但也有人露出愧疚的表情，看样子是利用了不少"灰色地带"满足私欲。（见图 3-5）

图 3-5　道德

"但是，不要太过于关注生命中的灰色地带，以至于相信，自己的生命里除了灰色地带就没有别的什么了，"大卫·休谟老师打趣道，"各位必须明白，有些事情还是清晰明确的，所以不要以偏概全，认为所有事物都是灰色的。如果认识不到这一点，就有点睁眼瞎了。"

张萌有些不好意思地点点头，仿佛大卫·休谟老师说的就是自己。因为她就经常忧郁多思，常常因为灰色地带的存在而自寻烦恼。

其实就像大卫·休谟老师说的那样，灰色地带之所以存在，就是因为事物有时候并不是黑白分明的。张萌暗想，自己也常常会发现，自己所处的境地不属于绝对意义上的黑或白，它们并没有明确的对立面。因此，还是不要把主观上的某个灰色观念扩大到整个世界，甚至认为这就是世界的原貌，自己努力才是最重要的。

想到这里，张萌向大卫·休谟老师报以感激的微笑。

大卫·休谟老师和蔼地说："确实，真相不明时往往会让人心情烦躁，甚至唯恐避之不及，但各位需要想办法，让自己尽力避免陷入这种窘境。当你不小心陷入了灰色泥潭时，也不要丧失信心。你应该明白这一点：或许现在的你，还不能弄清楚事情的真相，但是，不确定的情况之所以可能出现，正是因为我们曾经有确定性的经验。"

张萌不禁说道："是啊！负面只有在正面已知的情况下，才能被确认是负面。我们这里的负面就是不确定，因此，你可以知道确实是真实存在。如果确定是可能的，那么你目前所不明白的事物最终会水落石出。理论上来说，克服目前经历的模糊状态，从而达到真相的那一天总是存在的。"

大家都纷纷点头，脸上又露出了自信的笑容。

大卫·休谟老师也赞赏地表示同意："这位同学说得很不错，我们无论是在工作中，还是在生活中，你承担的责任越多，就越会频繁地面对灰色地带。这些属于灰色地带的问题或状况，不仅需要自己下足功夫面对，也经常需要与别人合作，一起解决。"

一位女生忍不住发问道："大卫·休谟老师，我们该如何解决灰色地带带来的问题呢？"

大卫·休谟老师笑着说："其实，有一个很古老，但很实用的方法可以解决这个问题，但是要花些时间。这是由古代希伯来哲学家和神学家希勒尔长老提出来的方法：当时，有个人向希勒尔长老表示自己愿意皈依犹太教，只要希勒尔长老能用一只脚站立的时间，向自己解释《托拉》这本书的含义。让这个人没想到的是，希勒尔长老轻而易举地完成了。各位知道希勒尔长老说了怎样一句话吗？"

学生们伸长了脖子，纷纷请求大卫·休谟老师快些公布答案。

大卫·休谟老师笑着说："希勒尔长老只是简单地说：'不要把你自己恨的东西，带给你的同胞，这就是《托拉》的全部内容。其余的，只是对《托拉》的评论而已，去学习这本书吧！'。"

大家听完这样的答案，不由得面面相觑。希勒尔长老的话确实很有道理，但这跟灰色地带有什么关系呢？大卫·休谟老师似乎看出了学生们的疑惑，于是笑着解释道："希勒尔的教诲有一个更为熟悉的版本，那就是黄金法则：'你们想要别人怎样对待你们，你们就要怎样对待别人。'"（见图3-6）

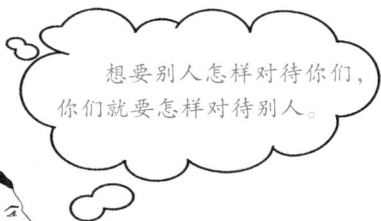

张萌和其他同学都恍然大悟，原来，解决灰色地带最好的方法就是不要"恨"。如果你制造了灰色地带，在满

想要别人怎样对待你们，你们就要怎样对待别人。

图 3-6　关系

足自己欲望的同时，不要给同胞们带去困扰；当你陷入灰色地带，也不要带着恨意生活，而是要阳光乐观地往前看。

大卫·休谟老师看着若有所思的同学们，笑得更加灿烂了："不错，同学们。在各位遇到灰色地带的时候，不要或黑或白地走到底，而要用逻辑思维思考，就算不能解决困境，也不至于被困境困得焦头烂额嘛!"

学生们都被大卫·休谟老师的幽默逗笑了。大卫·休谟老师趁热打铁道:"各位,灰色地带在逻辑学里一直是一个热门话题,但还有一个热门话题,同样对各位很重要,那就是坚持与放弃的问题,具体情况,还且听我慢慢道来——"

第四节　追根究底还是半途而废

大卫·休谟老师在讲完灰色地带后,又向学生们抛出了问题:在面对大千世界的万千事物时,究竟是该义无反顾地坚持下去,还是应该直截了当地放弃。

学生们一听这个问题,立马聊得炸开了锅。大卫·休谟老师控制了半天场面,才让学生们稍稍平静了一些。

大卫·休谟老师一边感慨着中国学生的热情,一边用手帕擦着额角上的汗珠:"各位,各位,大家需要知道的是,有些选择题的选项并不是相互排斥的,也不是全盘肯定或全盘否定的,这才是选择的困难之处。"

大家听了大卫·休谟老师的话,这才安静下来,继续听大卫·休谟老师往下讲。

大卫·休谟老师调皮地笑了笑:"就比如我们的男同学,你对一个美丽姑娘的看法,不是喜欢或者不喜欢就能够衡量的,而是你对她究竟有多喜欢,喜欢的程度有多少。"

男生们都笑着点了点头。

大卫·休谟老师接着说道:"你对一份工作的热爱程度,并不是三言两语就能概括的。这些都不是简单地给出答案的问题，现如今，影响人们做决定的因素，已经从二选一变成了求取权重值选择。"

大家都点点头，一个男生挠了挠头发，说道："您说得太对了。大卫·休谟老师，我就有选择困难症，因为我总觉得很多事情都让我难以取舍。大部分事物于我都像鸡肋一样，食之无味，弃之可惜。"

大卫·休谟老师和善地微笑说："是啊，选择困难的人经常会遇到这样的情况：喜欢一个姑娘的勇敢和大方，但是却不能接受她的强势和莽撞，这时候，很多人都会陷入'坚持下来，好好在一起，总会好起来的'和'还是赶快放过彼此，去找一个更合适的人'的圈子。似乎怎么选，都不能让自己满意。"

男生拼命地点头表示赞同。大卫·休谟老师接着说："还有，你喜欢当前工作对你的磨砺，让你成长，但是却不喜欢长期的单调和无趣。这个时候，你就会产生这样的想法：是坚持下去，好好工作，走上人生巅峰；还是尽快辞职，不在没有价值的事情上浪费生命？"

张萌点点头，是啊，自己也经常遇到这样的问题，似乎很多事情都是这样：不管怎么选，都不能让自己完全满意。

大卫·休谟老师神秘地一笑："各位，其实，这里面隐藏着一个关于逻辑学的诉求：尽快分手、辞职，是为了避免更多的沉没成本，赚取更多的机会成本；而坚持下去，则是出于前期投入，无法放弃沉没成本，以为时间越久，获得价值的概率越高，也可以看成如果有一个确定性可以获得价值的提示，大多数人会选择留下来继续。"（见图 3-7）

张萌在大学的时候上过经济课，知道这里的沉没成本就是指

图 3-7　沉没成本和机会成本

无法挽回的东西，既然怎样都无法挽回，还不如潇洒果断地放弃。

　　一个女生似乎是鼓足了勇气，开口道："这也关乎了勇气。因为，无论是选择坚持，还是选择放弃，都需要过人的勇气。因为未来不可预估，时机稍纵即逝。"

　　大卫·休谟老师为这位女生鼓了鼓掌，表示赞赏，然后说道："其实，鄙人倒是有一个解决选择问题的参考方案。"

　　学生们一听，纷纷表示洗耳恭听。

　　大卫·休谟老师说道："各位已经知道了逻辑学中纸上'谈兵'的方法，就是把思路整理到纸上，一列优点，一列缺点，这样能帮助你们对优缺点进行对比，并且在每个优点或缺点旁边都标明心理指数，用其中的偏差值进行最佳选择。"

　　"人的一生，说到底，其实就是坚持与放弃的一生。但是，坚持和放弃的界限往往是十分模糊的，有时候，坚持不一定就意味着成功，反而意味着走进死胡同；而放弃也不意味着失败，反而能帮助你赢得海阔天空。成王败寇的绝对性并不多见，能够在坚持和放弃的选项中张弛有度，这才是一种豁达潇洒的人生。"大卫·休谟老师感慨道。

　　张萌表示同意，并在心中暗想：大卫·休谟老师说得没错，坚持就是一种信念，放弃可能是一种遗憾，也可能是一种豁达；而坚持可能是一份希望，也可能是一份负担。人生的正确取舍很难，也很容易。容易的是简单理解，复杂的是认识过程。

大卫·休谟老师接着说道："我记得有一个朋友给我讲了这样一件事，他在登山的时候，距离峰顶仅有一步之遥，却果断地放弃了。后来有人问他：'你怎么不再坚持一下呢，再走一步，你就成功了。'可他却说：'再往前走一步，我就可能面对死亡。因为我的生理机能负担已经达到了极限，能够看到峰顶，我已经没有什么遗憾了。'在他这里，坚持就是一种错误，而放弃却是一种明智。"

一位男生扬起脸，一脸果断地说："其实说到底，人生无所谓坚持与放弃，也无所谓正确与错误，更无所谓什么取舍之道，所谓的是自我认识。"

"不错，"大卫·休谟老师赞同道，"坚持与放弃的问题，其实就是一个辩证的统一体，是一个可以相互转换的相对论。这并没有多难，不坚持就是放弃，不放弃就是坚持。能够正确驾驭坚持与放弃的人生才是一份无悔的人生。你不能改变客观条件，但却可以改变你自己。至于如何做到这一点，相信各位在今天的逻辑学课堂上都有所收获了。各位的人生还很长，希望大家都能度过一个不后悔的人生！"

大家都点着头，对大卫·休谟老师的这番话报以了热烈而持久的掌声。在掌声中，大卫·休谟老师微笑着慢步走下了讲台。

第四章
弗雷格导师主讲
"逻辑学中的谬误"

　　本章通过四个小节，详细介绍逻辑学中存在哪些谬误。本章内容翔实风趣，文字幽默易懂。弗雷格被公认为伟大的逻辑学家，因此，本章使用幽默的语言，穿插了弗雷格的逻辑思维，帮助读者避开逻辑学中的谬误。本章通过大量佐证及游戏，让读者在读透逻辑学的同时，也能在生活中避免出现类似的谬误。本章适用于希望避开逻辑思维误区的读者。

弗里德里希·路德维希·戈特洛布·弗雷格（Friedrich Frege，1848—1925），德国数学家、逻辑学家和哲学家。他是数理逻辑和分析哲学的奠基人，代表作为《概念演算——一种按算术语言构成的思维符号语言》。

　　弗雷格被公认为伟大的逻辑学家，如同亚里士多德、哥德尔、塔尔斯基。他于1879年出版的概念文字标志着逻辑史的转折。概念文字开辟了新的领域。

第一节　神逻辑1：人多一定力量大

　　张萌越来越喜欢逻辑学了，她发现思考是一件很有意思的事情。自从上完大卫·休谟老师的逻辑学课，张萌变得更有自信，也更善于辩护了。

　　今天又是哪位老师来讲课呢？又会带来什么有趣的内容呢？张萌带着这样的想法，愉快地坐到了大堂前面。

　　张萌刚坐下，大堂的正中央就来了一位西装革履，但白须满面的老者。他的胡子实在是太长了，以至于让张萌怀疑眼前的人是马克思。但在发达的胡子上，一双矍铄的眼睛正带着笑意打量着周围的人。

　　这究竟是哪位老师呢？正在大家议论纷纷的时候，老者用苍老却调皮的语气开了口："各位下午好！我是今天的逻辑学老师，弗里德里希·路德维希·戈特洛布·弗雷格！"

　　"什么？这名字太长了吧！"学生们纷纷笑出了声。可弗里德里希·弗雷格老师却没有感觉丝毫的不适，只是简略地做了解释："我们德国人的名字，大部分都很长。记得刚到中国的时候，我对一个老年人介绍自己，对方竟然以为，我的名字是四个人的名字，还给我搬来了四把椅子。"

　　学生们笑得更厉害了，气氛也一片轻松。

　　弗里德里希·弗雷格老师笑着说道："大家知道，名字长了很有气势，但也很不方便。那么，人多了，力量就一定大吗？我记得，中国好像有句俗语，就叫'人多力量大'。"

大部分学生都点了点头，但是张萌却觉得这句话有些没道理。

弗里德里希·弗雷格老师也没有给出自己的结论，只是笑了笑："这样吧，我先给各位讲两个小故事。"

大家一听有故事听，都正襟危坐，竖起耳朵来听。

弗里德里希·弗雷格老师说道："第一个故事发生在 20 世纪 80 年代，可口可乐大家都很熟悉吧？当时，它为了应对百事可乐的挑战，决定推出一款口感更柔和、口味更甜、泡沫更少的新可乐。经过市场调查，大多数人也都表示期待新可乐的口味。结果，就当可口可乐方面宣布更改其行销 99 年的配方，用新可乐取代老可乐的时候，却遭到了消费者的抵制。"

学生们一听都纳闷了，这是为什么呢？

弗里德里希·弗雷格老师接着讲道："一群消费者甚至组织了抵制新可乐的运动，还威胁可口可乐公司说'如果推出新可乐，将再也不买可口可乐'，于是，可口可乐公司被迫屈服，再次公开宣布恢复老配方的生产。"

张萌听了后，有些不理解其中的含义，只有小部分学生露出明了的神色。

弗里德里希·弗雷格老师笑着说："各位先别急，我这里还有一个小故事，请大家听我道来——各位都知道罗斯柴尔德家族吧？"

大部分同学都表示知道。

弗里德里希·弗雷格老师接着讲道："当法军和英军在滑铁卢展开大战的时候，罗斯柴尔德通过情报人员得知了战争的结果。但是他不动声色，大量抛售英国公债，诱导大批公债者跟他一起狂抛，导致英国公债的价格急速下跌。而且越下跌越有人跟风抛售，造成恶性循环。就在这个时候，罗斯柴尔德一举买下大量英国公债，三天后，英国军队胜利的消息才传到伦敦。此时的罗斯柴尔德持有了大量的英国国债，成为英国政府最大的债权人，牢牢掌控了英国的经济命脉。"

学生们听得热血沸腾，对罗斯柴尔德产生了既嫉妒又崇拜的情感。

"那么，这两个故事的背后都包含了怎样的逻辑学知识呢？"弗里德里希·弗雷格老师笑着发问了。

大家想了很久，每个人的心里都有一个模模糊糊的概念，但却说不出来。

弗里德里希·弗雷格老师笑了笑，说道："可口可乐的故事里，它忽略了群体的因素，顾客认为 99 年不变的配方象征了传统的美国精神，放弃可口可乐就意味着一种背叛。罗斯柴尔德的故事，则是罗斯柴尔德利用了群体盲目跟风、容易恐慌的特点，达到了自己的目的。"

"中国俗话说，人多力量大、众人拾柴火焰高，可我不这么认为，"弗里德里希·弗雷格老师说道，"如果力气不往一处使，就算有再多的人，力量也不可能大，你们中国的《淮南子·兵略训》中有句话，叫'千人同心，则得千人之力；万人异心，则无一人之用。'"

张萌点点头，弗里德里希·弗雷格老师说得有道理，就像拔河一样，双方人都很多，但是一拨人拽一边，劲儿不往一处用，肯定就会僵持住。（见图 4-1）

弗里德里希·弗雷格老师笑着说："所以，这个人多一定力量大就是逻辑学上的一大谬论，因为人不是静止的动物，而是方向各异的能量。如果大家相互推动，'人心齐，泰山移'，那效果自然是事半功倍的；同样，如果人心不齐，相互抵触，就注定会一事无成。"

图 4-1 拔河

"再拿责任心举例吧，"弗里德里希·弗雷格老师接着说道，"'天下兴亡匹夫有责'这句话，经常被人解读成'天下兴亡，人人有责'，可人人有责的结果，往往就是人人无责。中国典故中，为什么三个和尚没水喝？孩子多了不养老？原因就是人多了，人心各异，分到每个人肩膀上的责任感就会减少。"

张萌和同学们听得心服口服，没想到这位德国老师对中国的了解这么深。

弗里德里希·弗雷格老师笑着说："其实啊，除了人多一定力量大之外，逻辑学里还有不少谬论呢，如以出身论英雄就是一个典型的逻辑学谬论。各位且听我讲来——"

第二节　神逻辑 2：以出身论英雄

弗里德里希·弗雷格老师此言一出，立马在学生中间引起了强烈讨论。

大家七嘴八舌地说道："我有一个朋友，成天不学无术，只因为自己的老爸是公司的厂长，现在已经回家准备子承父业了。""我同学和我一起考公务员，因为她妈妈是处长，直接就给她安排了工作。"

这样的声音持续了很久，弗里德里希·弗雷格老师等讨论的声音慢慢低下去后，才笑着开了口："看来大家都对出身问题颇有感触啊。"

一个男生用不太和善的口气说道："当然啦，弗里德里希·弗雷格老师，您对中国了解这么深，难道没听过一句话，叫'我爸是李刚'吗？何况家庭出身问题一直就是严重的社会问题！"

弗里德里希·弗雷格老师摇了摇头，说道："其实，这个问题牵涉的面积很广。例如，一个国王下令抓走所有知识分子，甚至要抓走与知识分子有关系的人。因为国王认为，有知识的人会对自己的王位带来威胁。但是，让国王没有想到的是，知识分子可能不多，但知识分子的子女、亲戚、朋友却很多，如果把全国与知识分子有关的人都抓起来，那监狱一定是不够用的。何况，与知识分子有关系的人，就一定学识渊博吗？这也是一个值得商榷的问题。"

一个戴着眼镜的男生举手说道："弗里德里希·弗雷格老师，在我们中国有一副对联，叫'老子英雄儿好汉，老子不行儿混蛋'，这也说明了出身对人影响巨大啊。"

弗里德里希·弗雷格老师严肃地说："我认为，这副对联就是对那些出身不好的青年的侮辱。我知道你们中国的文化，这副对联是当初的山大王窦尔敦说的，这副对联在封建社会就没起到什么好作用，在现代中国怎么还有人信呢？你们的马克思精神哪儿去了呢？"

戴眼镜的男生面露惭色，但还咬牙坚持："但家庭环境对孩子的影响的确很大，这是不可否认的。很多人奋斗一辈子，所得到的还不如富二代的起点，不是吗？"

弗里德里希·弗雷格老师摇摇头："这句话等你拼尽全力再说吧，不管哪个显赫的家族，其崛起的第一人都是普通人。这副对联不是真理，而是错误，它的错误就在于：片面地认为家庭影响会超过社会影响，从而忽视了社会影响的决定性作用。我这么说吧，这句话就是只承认老子的影响，认为老子的影响超越了一切。而实践则会给你完全相反的结论：社会影响远远超过了家庭影响，家庭影响服从社会影响。"（见图4-2）

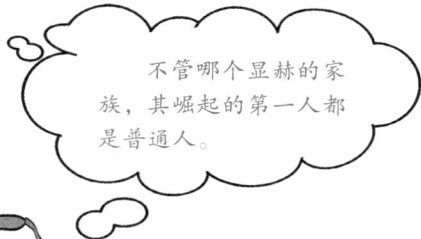

戴眼镜的男生思考了很久，表示赞同弗里德里希·弗雷格老师的理论，然后坐下了。

弗里德里希·弗雷格老师接着说道："要

> 不管哪个显赫的家族，其崛起的第一人都是普通人。

图4-2　第一代

知道，每个人在出生的时候都必然会受到两种影响——家庭影响和社会影响。即便孩子在温馨的家庭成长，也终有一天会迈入学校或社会的大门。这时候，老师或领导的话，往往比家长更有权威性，因为集体教育会让孩子产生更强的共鸣感。这也使得社会影响超越家庭影响，成为主流。"

张萌点点头，在当今社会中，朋友的陪伴、前辈的教诲、各种传媒的熏陶、习惯的培养、工作的陶冶等，都会给一个人带来深入骨髓的影响。而这些社会影响带来的效果，也是家庭影响无法与之相抗衡的。

"当然，家庭影响也是很重要的，因为家庭影响也是社会影响的一部分，"弗里德里希·弗雷格老师说道，"但是，一个人家庭影响的好坏，并不能机械地、一概而论地说成'老子英雄儿好汉'。有时候，父母都是英雄，但却忽略了孩子的培养，放任自流，说不定最后这个孩子会更加糟糕。父母思想好，但教育不得其法，效果也会适得其反。"

弗里德里希·弗雷格老师顿了顿，接着说："再比如父母都没有文化，甚至是反动分子或危险分子，但孩子也未必就不好。列宁就是很好的例子。总之，一个人的家庭影响不管是好是坏，都不能机械地用出身去判定。"

一个身材高大，穿着运动衫的男子说："总体来说，我们的社会影响还是很好的，起码大环境很稳定，比一些战火纷乱的国家要好多了。"

弗里德里希·弗雷格老师赞许地点了点头："这位同学说得不错。不知道各位有没有听说过'两个口袋'的故事。大部分人都喜欢把目光和精力放在缺点和不幸上，却忽略了优点和幸运。"

大家都点头表示赞同，弗里德里希·弗雷格老师接着说："无论你的出身是什么，如果你被社会上的坏影响感染了，犯了一些错误，那你能说你的父母上梁不正吗？只能说你自己意志力不够坚定。所以，故意让人背上家庭包袱，就是逻辑学中的错误思维。要知道，出身好的青年，与出身不好的青年相比，没有任何优越性。你想要的，靠自己的双手和智慧也终会达到。"

张萌点头称是，很多人羡慕甚至嫉妒富二代的生活，但那样的人生真的有意义吗？哪个富二代的先辈，也都是拼一代。既然人家的父母行，自己又为什么说不行呢？

弗里德里希·弗雷格老师总结道："家庭影响也罢，社会影响也罢，这些都是外部因素。如果一味将失败和挫折归罪于外因，就是不承认主观能动性的表现，就是在逃避。人是能够选择自己的前进方向的。这是因为真理总是更强大，也更具吸引力。如果你真的承认内因起决定作用，那你就不该认为家庭影响比什么都强大。否则，只能表明你的逻辑思维混乱到一锅糨糊的程度了。"

大家听了弗里德里希·弗雷格老师的一席话，不由自主地响起了热烈的掌声。

第三节　神逻辑3：把迷信等同信仰

弗里德里希·弗雷格老师喝了口茶，等同学们的掌声稍稍停息后，又抛出了第三个问题："各位，相信大家都是有信仰的人吧？"

有的同学表示自己信佛教、信基督教等宗教，有的同学表示自己信仰和平等正能量的东西，也有同学表示自己什么都不信。

弗里德里希·弗雷格老师笑了笑，问了一个犀利的问题："请问各位，信仰等同于迷信吗？"

这句话把一大半学生都问住了。张萌也积极开动脑筋，思考这个问题。按理说，信仰和平等东西，应该不是迷信，可宗教信仰算不算迷信呢？

弗里德里希·弗雷格老师仿佛看出了大家的疑惑，也就不再卖关子了："各位想解答这个问题，就要明白迷信和信仰的区别是什么。迷信，就是一种盲目的崇拜，是好奇心驱使你相信这个东西；而信仰则是基于对道理的明白而选择去相信，是一种心灵的寄托。"（见图4-3）

信仰是基于对道理的明白而选择去相信，是一种心灵的寄托。

图 4-3　信仰

张萌觉得自己有点听懂了。

弗里德里希·弗雷格老师接着说："迷信的理论没有科学依据，只是对其信徒制造一种神秘的感觉，用尽浑身解数，让信徒无法了解事情的真相，甚至用戏法、魔术和骗术等手段，取得信徒的盲目信任；而信仰的对象则是真理，是直接告诉你人生的真相。所以信仰很简单，不会投你所好，也不会遮遮掩掩。"

"当然，中国是讲求宗教自由的国家，但宗教只能给人以心灵安慰，在古代更是君主控制人心、巩固政权的手段，"弗里德里希·弗雷格老师说道，"像祭祀、求神、叩拜、捉鬼等行为，其实都是迷信的表现。做法的人内心不一定纯洁高尚，这些都只是迷信的形式罢了。而信仰则注重实质，注重纯粹，精神方面更加坦诚。"

"那么，宗教就是迷信吗？"一个戴着佛珠的年轻男子问道。

弗里德里希·弗雷格老师摇了摇头："听我说，亲爱的学生，迷信的人都会停留在感性意识层面，所以经常会动摇、怀疑；而宗教的信徒们，则会坚持不动摇，甚至为了维护宗教舍生取义。此外，宗教会衍生出一套理论，所以将宗教看作迷信是不客观的。因此，宗教也是一种信仰。"

张萌听着听着，不由得脱口而出："我明白了，迷信的人，其缺陷就在于'迷'，迷而不觉，才会排斥真理，拒绝进步，也拒绝与其所知相悖的其他理论，甚至迫害那些意见相左的人；而信仰则会让人保持自己的智慧和理智，开放思想，坚定自我，坚持以理服人。迷信可能会让人上当受骗，吃亏受苦；但信仰正当宗教的人，则会获得心灵上的满足与慰藉，甚至帮助身边的人共同向善。因此，迷信和信仰从本质上就是不同的。"

弗里德里希·弗雷格老师赞许地笑了，说道："迷信，说实话，就是一种唯心主义，其理论也是人为创造出来的，制造这种迷信理论的人，往往也都害怕经受实践的检验，因为他们害怕露馅；而信仰的对象则是真理，是客观的规律，更不是靠想象就能得出来的。"

刚才戴佛珠的年轻人又把手举了起来，征得弗里德里希·弗雷格老师的同意后，男生缓缓开了口："可是，佛祖也是人为臆想出来的吧？"

弗里德里希·弗雷格老师笑了笑："看你戴着佛珠，看来修行还是不够啊。要知道，释迦牟尼佛只是讲述佛法而并非发明佛法，佛法在宇宙中一直客观存在；孔子、释迦牟尼佛都是述而不作。佛教理论等于是求证宇宙终极真理的人，再返回地球告诉我们的，因此，佛法在某种程度上是高于科学的，也是终极的科学真理。"（见图4-4）

在座同学都听得暗暗咋舌，想不到弗里德里希·弗雷格老师在佛法上也有不浅的造诣。

图 4-4　佛

　　弗里德里希·弗雷格老师用手轻轻点了一下张萌的方向，说道："就像这位同学说的，迷信的含义，更多会倾向于盲目地相信、不理解地相信，而人们参加迷信活动，往往也是跟风活动。最根本的原因，就在于这些人没有逻辑思维能力，所以不能判别这件事的真假，对事物的本质分辨不清。迷信的人盲目地把自己的行为同信仰画上等号，这才是最悲哀的。"

　　大家都拍手称是，弗里德里希·弗雷格老师愉快地说："所以，迷信的特征主要有以下几点：当事人不具备逻辑思维，不能分辨事物本质；没有判断能力，轻信他人；盲目地追随别人，用暴力等手段强迫其他人与其思想统一，对自己或他人造成实质性伤害。"

　　"而信仰则是人们对理论、学说、主义的信服和尊崇，是人们活动时的行为方针、准则和指南，信仰是决定人们是否要做某件事的根本态度；信仰是信念的一种，是信念最集中、最高的表现形式；信仰是科学事实，是确凿的证据，也是人们的价值观、人生观和世界观的持有和体现。"弗里德里希·弗雷格老师总结道。

"用逻辑学语言说，"弗里德里希·弗雷格老师调皮地笑了，"信仰就是一种意识，是意识对物质的反作用。因此，各位千万不要把迷信和信仰等同起来哦！"

大家都露出了会心的微笑。

第四节　神逻辑 4：感觉经验很靠谱

弗里德里希·弗雷格老师讲完迷信和信仰的区别后，又引出了另一个话题："各位，我刚才已经说了，信仰就是一种意识。各位知道，在逻辑学中，理论经验也是很重要的，但感觉经验是不是很靠谱呢？"

张萌已经深谙套路了，于是张口否定了弗里德里希·弗雷格老师的问题："感觉经验当然不靠谱，只能当成参考而已。"

弗里德里希·弗雷格老师笑容满面地看了张萌一眼，说道："不错，各位的逻辑思维越来越出色了。懂得质疑和否定，才会验证自己的结论是否正确。至于感觉经验很靠谱这个问题，不可否认，感觉是人类认识世界的第一步，我们都是通过感觉从内外部环境获取信息的。正是感觉和知觉，让我们从杂乱无章的刺激中接收到了信息，再由大脑对这些信息进行整理和识别，从而让感觉经验变得更有意义。"

弗里德里希·弗雷格老师谦虚地说道："我本人就是一个感性的人，虽然我的逻辑思维还不错，但我有时候也会感情用事，也会看重第一印象。因为感觉是我对客观世界认识的开始，也是最简单的形式。那么，什么是感觉呢？说白了，感觉就是作用于我们的感官，把事物反映到我们头脑中的东西。"

大家都点点头，确实，每个人都是先从感觉认识世界的。弗里德里希·弗雷格老师接着说道："我们的世界是一个丰富多彩的世界，有山水、有人物、有花草、有湖海。我们的世界是自然界和社会文化的范畴。任何客观事物都有很多属性，而事物的个别属性都与其整体紧密相连。"

弗里德里希·弗雷格老师拿出一个橘子来："就好比我手上的橘子。用眼感觉，就能感觉到它橘色的外表、圆润的形状；如果用鼻子感觉，就能嗅到它香甜的气味；如果用手感觉，就能感觉到它光滑的手感、冰凉的触感和柔软的程度；如果用味蕾感觉，就能尝到橘子的酸甜口感……这些，都是我们对橘子的感觉。"

"但是，这些就能让我们了解橘子的全部吗？"弗里德里希·弗雷格老师发问了。

张萌摇了摇头，学生们也摇了摇头。弗里德里希·弗雷格老师笑着说："只通过感觉，我们不能了解橘子的全部，我们只有深入了解，才能发现橘子中的维生素 A 能够增强人体在黑暗环境中的视力和治疗夜盲症；中国是橘子的重要原产地之一，柑橘资源丰富，优良品种繁多，有 4000 多年的栽培历史等。"弗里德里希·弗雷格老师笑着说道。

一个男生说："但我们通过感觉了解到的，也是橘子特性的一部分，怎么能说不靠谱呢？"

弗里德里希·弗雷格老师看着这位学生，耐心地解释道："当然，感觉也是我们认识世界的重要的一部分，但就像刚才那位女同学说的，感觉只能起参考作用，并不是十分靠谱的，就像我们人际交往中的第一印象。"

弗里德里希·弗雷格老师讲解道："第一印象往往决定了之后的人际交往，因为初次认知事物时，我们更依赖于眼睛、耳朵等感觉器官，而不是大脑。很多情侣回忆初次见面的时候，都坦然承认'眼前一亮'，是对方的外表或某个举动吸引了自己；面试的时候，有些很优秀的应聘者刚说了两分钟，面试官就请他出去了，只是因为应聘者和自己的前女友长得很像……这样的例子数不胜数，我说得对吗？"

大家都心照不宣地笑了起来，提问的男生也笑着坐下了。

弗里德里希·弗雷格老师接着说："所以，我们不难知道，感觉经验其实是不太靠谱的，那么，提升第一印象就成了相当重要的事情。研究表明，绝大多数人在初次见面的社交场合时，仅用四分钟就能对社交对象产生整体印象。因此，第一时间所呈现的表情、礼仪、姿态、服饰、语言、眼神、笑容等印象，虽然肤浅，但都会在长时间内影响着你的社交。不管你是否相信，有时候，第一印象就是你唯一一次表现自己的机会，也决定着你的命运。"

大家都听得心悦诚服。看来感觉经验不太靠谱，但感觉经验却不容小觑啊。

弗里德里希·弗雷格老师接着说道："那么，如何给别人留下良好的第一印象呢？我教给各位一些小窍门。首先，要做到平易近人，带着微笑与人交谈，对对方的话题表示感兴趣，不要表现出不礼貌的行为；其次，对自己不熟悉的话题不要瞎说，尽量转移话题或坦诚相告；再者，不要小气、不耐烦，也不要让自己的身体习惯出卖自己；最后，学着宽容坦诚，这样才能给对方以好的感觉经验。"

大家听完都自觉地爆发出热烈的掌声。弗里德里希·弗雷格老师不但讲了相当精彩的一节课，还给了这么多好的建议。张萌格外努力地拍着手，把心里的感激通过这种方式，传达给这位可敬可爱的逻辑学老师。

在热烈的掌声中，弗里德里希·弗雷格老师微笑着向学生们鞠了一躬，慢慢地走下了讲台。

第五章
克里普克导师主讲
"逻辑学中的回避"

本章通过三个小节，为读者呈现了一幅逻辑学画卷。本章内容丰富，佐证翔实，通过简单明了的插图，让读者避免陷入逻辑思维的怪圈。读者可以通过阅读本章内容，提高自己的独立思考能力。本章导师克里普克是有名的模态逻辑语义学的创始人，作者借其犀利幽默的语言，为读者详细解读逻辑的威力。本章适用于希望在日常生活中避免陷入逻辑怪圈的读者。

索尔·克里普克（Kripke, Saul Aaron）美国逻辑学家、哲学家。曾任教于哈佛、哥伦比亚、康奈尔和洛克菲勒等大学，1977 年任普林斯顿大学哲学教授，后升任麦科什讲座哲学教授，现任职于纽约城市大学研究生中心。他是模态逻辑语义学的创始人和因果 - 历史指称论的首倡者之一，认为名词的指称主要取决于与使用该名词有关的社会历史的传递链条。以此出发，他进一步阐发了有关专名和通名的理论，并由此构成了现代分析哲学的一个历史转折点。著有《命名和必然性》等。

第一节　小心陷入套套逻辑的怪圈

昨天的课程让张萌激动得一夜未眠，弗里德里希·弗雷格老师真会带动课堂氛围，张萌现在还能回想起昨日课堂热烈的气氛，以及弗里德里希·弗雷格老师犀利的语言。

因为昨天太激动了，导致休息不足，张萌今天来得有点晚，等她在座位上坐好后，老师已经走上了讲台。

张萌还没来得及抬头看看老师长什么样子，就听见周围人发出了一阵笑声。

张萌赶紧抬头看去，只见一个穿着随意、头戴草帽的老头满面笑容地站在讲台的正中央。看着老头欢乐的表情，张萌也不由得笑了。这位不像是老师，倒像是去夏威夷度假的游客。

这位老师欢快地做了自我介绍："各位下午好！我是今天的逻辑学讲师，克里普克！"

学生们自发地鼓起掌来，张萌也跟着拍手，因为看见克里普克老师，就觉得心情很愉快。

克里普克老师笑着鞠了一躬，说道："各位，我有一个问题想问大家——请问四足动物都是有四只脚的。这句话对吗？"

有了在前面几位老师那里的前车之鉴，还有做逻辑谜题的经验，张萌和其他学生们纷纷开动脑筋，仔细地思考了这个问题。

过了一会儿，一个男生一拍脑门，说道："啊！四足动物，可不就是四只脚的动物嘛！这句话当然是对的了！"其他学生也纷纷恍然大悟，觉得自己被克里普克老师忽悠了。

克里普克老师坏笑了一下："看看，各位，一不小心就陷入了我的圈套中吧？这个问题便是逻辑学中有名的'套套逻辑'。"

套套逻辑？好怪的名字，学生们都笑了起来。张萌暗想，这个名字取得真是贴合实际，摆明了就是套路嘛。

克里普克老师接着说道："所谓套套逻辑，就是指某一言论，在任何情况下都是对的。说得更严谨一点，套套逻辑是不可能被想象为错的。就像刚才我举的例子一样，四足动物是否有四只脚。这句话怎么可能会错呢？因为句子的前半部分跟后半部分是一样的意思啊，即使我们想方设法，费尽时间，也不可能举出一个反例来。"

一个男生说道："这个套套逻辑还真是厉害，它在地球上不会错，甚至在全宇宙都不会错，看来我得多学学套套逻辑。"

克里普克老师笑着摇摇头，说道："不错，这句话的一般性确实厉害，但是，请你告诉我，你从这句话中学到了什么吗？没有，这句话就是空洞的废话，一点儿实质性的内容都没有，连半点解释能力和意义也没有。这样一来，学套套逻辑又有什么用处呢？"

男生不好意思地挠了挠头。克里普克老师接着说道："因此，我告诉大家套套逻辑的目的，不是让你们学习，而是让你们引以为戒，不要掉进套套逻辑的圈套里，做无用功。像我刚才讲的问题，只是一个很简单、很一目了然的问题。但实际上，空洞而毫无用处的'理论'多得很，很多时候，就连博士也不容易察觉。"

一位短发的女同学说道："套套逻辑没有内容，对逻辑学也没有意义，看来真是个无用的东西啊。"

克里普克老师又摇了摇头，笑着解释说："我前面也说了，套套逻辑是不可能出错的，虽然没有实质意义，也没有内容，但套套逻辑也可能是一个重要的概念。"

"什么？重要的概念？"短发女生一脸不相信，"四足动物都有四只脚，这样的问题怎么做重要的概念啊？"

克里普克老师对她摆摆手，肯定地说："事实上，很多重要的科学理论，都是从不可能错的套套逻辑里寻找概念的。我刚刚也说了，套套逻辑有一个很强的优势，那就是它的一般性很强。如果我们能对套套逻辑的范围加以收缩和约束，有时就能变成一个有内容的，但可能错的理论。从套套逻辑引发出的理论，其解释能力之强也令人拍案叫绝。"（见图 5-1）

> 很多重要的科学理论，都是从不可能错的套套逻辑里寻找概念的。

图 5-1　套套逻辑

"套套逻辑是一个重要的概念，能对科学的理论形成启发。因为它能为人们提供一个新视角来看世界。认为套套逻辑内容空洞，所以不屑一顾的人，只能叫低手，"克里普克老师笑着说道，"高手是不会放弃任何看世界的角度的，一旦认为大有苗头，他们就会千方百计地加入各种约束条件，给套套逻辑增加内容，巧妙地把'定义'变为可以解释现象的理论。"

克里普克老师接着讲道："逻辑学上，还有一个跟套套逻辑相对应的逻辑，称为特殊理论。特殊理论由于过于特殊，因此一般性的解释能力很差。各位已经知道，套套逻辑是理论的内容不足，而特殊理论则是内容太多，以致内容稍微一改，理论就会被推翻。"

张萌脱口而出："所以，我们的逻辑应当处在套套逻辑和特殊理论之间。说话的时候，不要说套套理论这样的废话，也不要说特殊理论这样的话。"

克里普克老师肯定道："不错，那些足以解释世事的理论，都一定是在特殊理论与套套逻辑这两个极端之间的。而科学的进步，也往往是从一个极端或另一个极端开始，再逐步往中间发展的。"

克里普克老师笑着说："因此，各位不要掉入套套逻辑的陷阱，也不要对套套逻辑不屑一顾哦！"

大家都笑了，克里普克老师摇头晃脑地接着说道："正所谓耳听为虚，眼见为实。但眼见的就一定是真的吗？"

学生们都表示肯定："当然啦，亲眼见到的事情哪能有假？"

克里普克老师拍了拍手提示道："逻辑思维，逻辑思维，各位一定要想好了再作答！张口就来可不是逻辑思维者该有的举动哦！"

听到克里普克老师这么说，大家才陷入深深的思考中……

第二节 将"一些"与"所有"混为一谈

克里普克老师等学生们思考得差不多了，才缓缓开口道："有时候，我们会因为这样或那样的原因而看不到事实的真相。我们亲眼所见的东西，或许是别人想要你看到的，或许是你自己想要看到的。不管怎么说，我们都必须全面地看待问题。如果单纯地从某一个方面看待问题，就可能得到错误的结果，把片面的内容当成该事物的全部。"

一个戴着超厚眼镜的大学生说道："克里普克老师，您能给我们举个例子吗？为什么亲眼见到的事情就不是真的呢？"

克里普克老师笑着说："当然可以，我亲爱的学生，我就给各位举一个例子来说明吧。从前，有个农夫开了一个养鸡场。开业的第一天，他就被一个基督教徒骗走了两只鸡。于是，农夫气愤地立下牌子，上面写着'小偷、骗子与基督教徒禁止买鸡'，他拒绝和所有的基督教徒来往。因为在他看来，所有的基督教徒都是一样的——表面上道貌岸然，实际上言行相当恶劣。农夫认为，所有的基督教徒都是假仁假义的小人。"（见图 5-2）

图 5-2　买鸡

学生们都笑起来，这个农夫也太偏激了。

克里普克老师接着说："有一天，一个传教士听说了这件事，就来到农夫的农场买鸡。他在所有鸡里挑了最瘦最小还脱毛的病鸡，准备买下来。农夫很奇怪：'你为什么要买这只鸡呢？这是最不好的鸡啊！'传教士却说：'我就要买这只，不仅如此，我还要把这只鸡放到我家门口，再立个牌子，告诉所有路人，说这只鸡是从你这里买来的，你的鸡都很糟糕！'"

学生们暗暗咋舌，这个传教士肯定把农夫气坏了。

果然，克里普克老师讲道："这个农夫不由得勃然大怒：'我这儿的鸡都是上好的！只有这一只不好，你怎么能因为这一只鸡，就说我所有的鸡都不好呢？'传教士听了这话，赶紧说道：'你不也是一样吗？就因为碰到一个品行不端的基督教徒，就说所有的基督教徒都品行恶劣。这还不是因为个别，就否定全部吗？'"

戴厚底眼镜的大学生恍然大悟地笑了，果然眼见不一定为实啊。农夫此举，会让所有人都认为基督教徒不好，但实际上，他们并不知道农夫只是受了其中一个基督教徒的欺骗。将"一些"和"所有"混为一谈，真的让人很头疼啊。

一个北方口音的男生举起手，在征得克里普克老师的同意后，很无奈地起身说道："我是吉林人，只因为一部分东北人素质不高，就有很多人说'东北人全都没素质'。其实，说这种话的人，才是毫无逻辑思维的表现。"

克里普克老师笑着说："是啊，事实就是如此。很多人都会犯这样的错误，因为一个人的所作所为，就否定了所有人的所作所为。在逻辑学上，这样的思维就是以偏概全。例如，日本流行的'名古屋出来的都是丑女'，就是典型的以偏概全的例子。你应该放正心态，对这样的理论不予理睬，不予介怀才是。"

男生心悦诚服地坐下了，克里普克老师接着说："就像公鸡往往只注意到太阳，而猫头鹰则只注意到了月亮和星星，如果单纯从它们的角度，它们会认为这世界上也许只有太阳或者只有月亮、星星。"

克里普克老师笑着说："我们不能因为吃过一次亏，或者上过一次当，甚至只是听别人道听途说，就片面地认为这个世界没什么好人；我们也不能因为在恋爱中受过伤，就认定全世界的异性都是坏人。我们每个人看到的事情都是有限的，不能因为一些事实就否定所有的一切。"

张萌赞同道："所以，我们从现在开始，就要学会全面地看待问题！很多人都因为他人的片面和偏激而深受伤害。而且，对于那些你认为'原本就是这样'的事情，你现在应该重新认识，因为'这只是我个人的看法'。"

克里普克老师说："没错，以偏概全就是典型的逻辑谬误，而逻辑谬误就是削弱论证的那些缺陷。学会在自己和他人的文章中找出逻辑谬误，就能提高对自己读到的、听到的、论证的判断能力。关于逻辑谬误，重要的是应该认清两点。"（见图 5-3）

学会在自己和他人的文章中找出逻辑谬误，就能提高对自己读到的、听到的、论证的判断能力。

图 5-3　逻辑能力

大家都竖起了耳朵，听克里普克老师有什么高论，克里普克老师接着说："第一，存在逻辑谬误的论证是非常正常的，也是很常见的，而且非常令人信服。而且，在报纸、广告和新闻等传媒中，都能找到众多存在逻辑谬误的实例，因此，观众和听众都很容易受到逻辑谬误的影响。第二，人们很难判断某个论证是否存在逻辑谬误。有时候，一个论证会显得十分苍白无力，但却是质朴的真理。而有的逻辑看似非常有力，甚至包含很多步骤或章节，但却是逻辑谬误。因此，我们必须严密审查得到的论证，甚至变'无力'为'有力'。"

张萌带头鼓起掌来。克里普克老师喝了口水，笑着说道："各位都听过三人成虎的故事吧？"学生们纷纷点头。

克里普克老师愉快地说："那么，我接下来的内容就是逻辑学上的另一要点——将谎言重复一百遍，结果是什么？"

第三节　将谎言重复一百遍的结果

克里普克老师抛出问题后，自己紧接着做出了回答："莎士比亚说过这样一句话，'成功的骗子，不必再以说谎为生，因为被骗的人已经成为他的拥护者，我再说什么也是枉然。'请各位告诉我，为什么被骗的人会成为坚定的拥护者呢？"

学生们七嘴八舌地讨论起来。一个女生说："因为他们被洗脑了，传销组织就是用这样的方式摧毁对方的意志。"另一个女生同意道："没错，一句话重复得次数多了，给了自己一个心理暗示，让自己都开始相信自己没有说谎。"

克里普克老师赞同道："没错，原因只有两个字——重复。戈培尔有一句名言：'重复是一种力量，谎言重复一百次就会成为真理。'他自己也验证了这句话。戈培尔是纳粹的铁杆粉丝，原因就在于希特勒的一场演讲。"

一个男生惊讶道："一场演讲，就能让戈培尔死心塌地地为魔鬼效力吗？"

克里普克老师沉重地点点头："是啊，听完了希特勒的演讲，戈培尔变得激动不已，他当场表示'我找到了应该走的道路——

这是一个命令'。从那一刻起，戈培尔变得狂热，他成了纳粹主义的代言人，并受到希特勒的赏识，还成了纳粹的高层领导。后来，戈培尔还丧心病狂地调动了宣传机构的全部人员，进行了德国历史上前无古人，后无来者的宣传活动。最后，希特勒成功上台，任命戈培尔担任国民教育部长和宣传部长。"

大家都有些愤愤不平。戈培尔以"睁眼说瞎话"著称，但正如他自己说的那样，谎话说了一百次，连自己都相信了。

克里普克老师犀利地说："戈培尔没有辜负希特勒，他的宣传把真正的异端邪说带入德国人民的脑子里。戈培尔将新闻、报社、出版社、广播、电影等牢牢管制在自己手中，让德国人只能听到自己这一种声音，甚至还鼓动学生，要创造新时代。"

"就这样，戈培尔和他的宣传部牢牢管制舆论工具，随心所欲地颠倒黑白、混淆是非，甚至愚弄德国人民。他本人还亲自在各种场合出马，发表蛊惑人心的演说，贯彻纳粹思想。就这样，戈培尔给自己的谎言穿上了真理的外衣。这就是'戈培尔效应'。"

一个学者模样的中年男子点头称是："的确如此，当老百姓不明真相的时候，宣传机构就会动用舆论工具制造谎言，通过各种渠道将谎言反复灌输给老百姓。话重复得多了，便容易得到国民的认可，于是，谎言也变成了真理。"（见图5-4）

图5-4 谎言—真理

克里普克老师表示赞赏，并且说道："重复的力量究竟有多大？你们中国也有这样的传说。从前，曾参住在费县。费县有一个人，和曾参同名同姓，这个人杀了人并潜逃了。有人告诉曾母说'曾参杀人'。曾参的母亲正在织布，连头都没抬，手里依旧织布自如：'我儿子不会杀人'。一会儿，又有人跑来相告'曾参杀人'，曾参的母亲依旧织布如初，没有理睬。很快，又有一个人过来告诉她'曾参杀人'。曾参的母亲终于害怕了，扔下了梭子翻墙逃走。"（见图5-5）

您儿子曾参，杀人啦！

图 5-5　曾参杀人

大家都笑了，看来，再稳重的人也经不住外界的游说啊。

克里普克老师也笑了："最开始，曾参的母亲处于拒绝状态，到中间逐渐认同，最后被心理暗示压倒，选择逃跑。这是人之常情。国外还有一个著名的实验也是如此：在实验者的背上放一块冰，然后告诉实验者：这是一块炭。十几分钟过去后，冰块在实验者的背后融化了，于是告知实验者，火炭已经被自己取走。这时，人们惊讶地发现，放冰块部位的皮肤，呈现的不是冻伤，而是烫伤的痕迹。"

学生们都惊呆了，没想到谎言的力量竟然如此强大。

克里普克老师说道："在逻辑学上，将谎言重复一百遍，就能让自己和别人成功被'洗脑'。但如果你的逻辑思维够强，就能从对方的话语里找到破绽，坚定自己内心的想法，不被引入谎言的圈套中。"（见图5-6）

"再比如一夫一妻制，这个

一个人只会做他相信的事。

图 5-6　相信

概念究竟是怎么来的呢？因为你一出生就会得到这样的概念，所以你认为这个概念就是对的。殊不知这个概念在泰国就是荒谬之论，因为泰国是一夫多妻制。"克里普克老师喝了口水，继续举例道，"再比如，中国古代信奉'君叫臣死，臣不得不死'。当时人生下来就接受这个概念，于是没有人怀疑这个概念究竟对否。现在看来，凭什么你当皇帝？凭什么我要全听你的还要替你死？但在当时，你不会有这个概念，身边的环境也不允许你有这样的想法。"

张萌点点头，同时叹了口气。想到自己刚入律师事务所的时候，大家都形成了"拿人钱财，与人消灾"的理念，根本没人想过这是对是错，也没人质疑这个不成文的规定。如今看来，自己已经和伸张正义的初衷背道而驰了。

克里普克老师接着说："为什么大部分人的思维都打不开？原因就是这些人从小被这些条条框框的规定限制了，同时也被这些观念给套牢了。有的人一生都逃不出转圈的轨道。"

"但这也给我们一个启示，"克里普克老师笑着说，"一个人绝不会主动做自己完全不信的事，一个人只会做他相信的事。我看这里有做推销工作的学生：当你像确定自己性别一样确定你的产品和事业时，你就一定会实现自己的目标。"

学生们爆发出雷鸣般的掌声。克里普克老师摘下自己的草帽，向学生们深深鞠了一躬，笑容满面地走下了讲台。

第六章
雷曼导师主讲"逻辑学中的错误类比"

本章通过四个小节，详细介绍逻辑学中的错误类比。本章内容浅显易懂，文字幽默风趣，同时佐以大量充实的例证与配图，让读者能切身感受到错误类比的内容。同时，让读者可以理解，类比其实就是一种维持了被表征物的主要知觉特征的知识表征。本章内容适用于在生活中逻辑思维不够强，以及受到错误类比困扰的读者。

斯蒂芬·雷曼（Stephen Layman）是西雅图太平洋大学哲学系主任，1983 年博士毕业于加州大学洛杉矶分校。他的研究领域为宗教哲学、伦理哲学和逻辑哲学。主要著作有《善之形》《逻辑的力量》《致疑惑的托马斯：上帝存在的一个实例》。

第一节　错误类比究竟错在哪里

张萌只要一想到上周克里普克老师的课程，就不由得激动万分。可以说，克里普克老师让张萌对逻辑学产生了更加浓厚的兴趣。

今天，张萌也早早地来到了课堂上，她手里拿着一本刚买的《逻辑的力量》。因为张萌发现，自己已经被逻辑学的魅力紧紧攫住了，她渴望了解更多有关逻辑学的知识。

时间一到，学生们纷纷坐好，张萌也迅速将思绪收了回来。顿时，无数双眼睛都盯着正中央的讲台。

不多时，一位穿正装，一脸严谨却不失亲和的中年男子走到讲台正中央。他轻轻呼了口气，然后对学生们绽开了一个优雅的微笑："嗨，各位下午好，我是今天的逻辑学讲师——斯蒂芬·雷曼。"

斯蒂芬·雷曼老师？张萌一愣，虽然她确定自己不认识这位老师，但总觉得名字好熟悉，仿佛在哪里见过。

斯蒂芬·雷曼老师环视四周，最终把目光放在张萌身上。他对张萌亲切地笑了笑："真没想到，我在中国还有这样的粉丝。我真是太荣幸了。"

张萌一愣，然后脑子里突然想到一件事。她不由得举起了手中的《逻辑的力量》，原来斯蒂芬·雷曼老师就是这本书的作者啊！

张萌对斯蒂芬·雷曼老师顿时崇拜起来。

斯蒂芬·雷曼老师笑着开始了今天的正题："同学们，我给各位说个例子，请各位思考一下正确与否——大家都知道，美国是允许持有枪支的，美国的经济很发达；英国是允许持有枪支的，英国的经济也很发达。所以，中国若想发展经济，就要允许公民持有枪支。这句话对吗？"

张萌仅仅犹豫了一秒钟，就给出了否定答案。其他同学们也很快给出了自己的意见："当然不对，怎么能这么比较呢？"

斯蒂芬·雷曼老师笑着点了点头："各位都知道不对，说明各位的逻辑思维还是相当不错的。要知道，有很多逻辑学家，也会不小心做出错误类比呢。"

错误类比？学生们露出了疑问的神色。

斯蒂芬·雷曼老师点点头肯定道："对，刚才这种比较方法就是错误类比，也是我这堂课的重要内容。但是，在讲错误类比之前，我们要先弄清楚什么是类比。"

张萌在初中的时候学过类比，她知道类比是把两个具有某部分相同属性的物体放在一起做比较，但逻辑学上的类比是什么样的就不得而知了。

斯蒂芬·雷曼老师接着说道："类比其实就是一种维持了被表征物的主要知觉特征的知识表征。在逻辑学中，我们经常会用两个事物的某些相同或相似特征，推断它们在其他性质上也可能有相同或相似特征的一种推理形式。但需要注意的是，类比是一种主观的、不充分的推理。因此，要确认自己的推理是否正确，还要通过严格的逻辑论证。"（见图6-1）

大家都点了点头，表示自己听明白了。斯蒂芬·雷曼老师又说道："就像我刚才讲到的持枪与经济的问题。如果把两件风马牛不相及的事情放在一起，强行比较，那基本上不会得出什么像样的结论。除非你能用实践证明，这其中有直接或间接的因

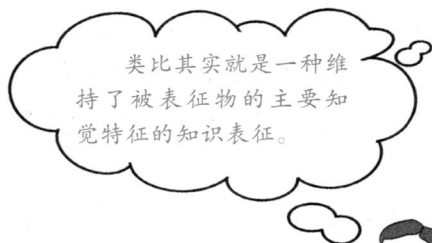

图 6-1 类比

类比其实就是一种维持了被表征物的主要知觉特征的知识表征。

果关系。"

斯蒂芬·雷曼老师调皮地笑了笑，接着说："各位，我还有一个例子。前一阵子，中国和日本因为钓鱼岛的问题起了摩擦，我有一个朋友很气愤，于是拿着擀面杖，把自己家里的锅碗瓢盆砸了个稀巴烂，而且一边砸一边说：'气死日本人！'我很不解，问他：'你为什么不去日本砸东西，为什么砸自己家的东西啊？'我的朋友说：'我气死他！'我不理解。他解释道：'你不知道，这些东西都是日本人生产的。'"

学生们听完哑然失笑，但却无法反驳，因为这就是现实中发生的事情。也有很多盲目爱国的人，一夜之间把所有的日本车全砸坏了，让人啼笑皆非。

斯蒂芬·雷曼老师适时总结道："看看，为了在说话和做事的时候不犯逻辑错误，学习逻辑学是一件大有必要的事情啊。在说话和写作中，如果你的逻辑缜密，就能看出人们在说话中容易犯哪些逻辑错误，也知道别人犯了这些逻辑错误，我们应该如何去反击。因为在表达中，类比不当是最容易犯的逻辑错误，而且这个错误还很极端。我们来看看你们中国的墨子是怎样说的。"

"《墨经》里面有两句话是这样的，"斯蒂芬·雷曼老师熟门熟路地说道，"'异类不比，说在量。''木与夜孰长？智与粟孰多？爵、亲、行、贾，四者孰贵？麋与鹤孰高？蚓与瑟孰悲？'"

斯蒂芬·雷曼老师笑着说道："这两句话看起来比较难理解，各位需要我这个外国人用大白话给各位翻译一下吗？"大家都高呼需要，张萌也想听听斯蒂芬·雷曼老师对中国文化究竟了解到了怎样的地步。

斯蒂芬·雷曼老师信手拈来道："异类是不能相比的，原因就在'量'的标准不同。比如木头和夜晚，一个是空间长度，一个是时间长度，你能说出谁更长吗？智慧和粟米，一个是精神财富，一个是物质财富，你能说出谁更多吗？爵位、亲人、德行、物价，四种东西哪个更贵重？作为走兽的麋，与作为飞禽的鹤，你能判断谁更高吗？蝉鸣与琴瑟，你能说出哪个更悲伤吗？因为这些事物之间都有本质区别，如果强行比较，只能得到荒谬的结论。

大家都给斯蒂芬·雷曼老师鼓起掌来，斯蒂芬·雷曼老师对大家绅士地笑了笑，开始了下一个话题。

第二节　专家的蠢话尤其愚蠢

斯蒂芬·雷曼老师先给大家讲了一个笑话："有两只乌龟，他们趴在田边一动也不动。一个专家走过来问旁边的农民：'这两只乌龟在干吗呢？'农民说：'它俩比沉默呢，谁说话谁就输了。'专家突然看见其中一只乌龟的壳上有字，于是指着它说：'据本专家多年研究，这只乌龟已经死了5000年了。'这时，另一只乌龟伸出头叫道：'死了也不说一声！害我在这里干等！'话音刚落，另一只乌龟大笑着把头伸出来说：'你输了！傻瓜，专家的话你也信！'"

大家听完都笑了，同时也很无奈，不知从什么时候起，专家的话成了蠢话的代名词。斯蒂芬·雷曼老师笑着说："各位不要沮丧，不止中国，现在全世界的专家都广泛受到质疑，因为有些专家说出来的蠢话尤其愚蠢。"

张萌不由得脱口而出："国外也有这么不靠谱的专家吗？"问完这个问题，张萌也不好意思地笑了。斯蒂芬·雷曼老师回答道："当然，国外不靠谱的专家也有很多。例如，一位母亲把自己一岁多的孩子'画'的图案发到了网上，没想到却得到了欧洲艺术界的关注！在那些欧洲大师眼中，这幅画简直是梵·高再世才能画出来的神作。直到真相大白的那天，他们才纷纷闭上金口。"

大家都笑了，斯蒂芬·雷曼老师接着说："当时，有很多伪文青都跟风起哄，说这幅画价值连城，甚至还把画想象成某位大师未发现的遗珠。其实，这种现象很常见。我也越来越发现，现代人过于注重知识的累积。遇到问题就立马搜索答案，很少运用自己的头脑去思考，这就导致你的独立思维能力逐步下降。"

"我有一个习惯，这个习惯也是大部分逻辑学家都有的，那就是每次思考的时候，都会把内容写在白纸上，"斯蒂芬·雷曼老师说道，"我觉得，当我看到纸上的空白时，就会涌现大量的灵感。在一边整理，一边探讨的过程中，我的逻辑思维也产生了飞跃的进步。"

张萌表示赞同。每个人都有自己的思维方式，世界上最蠢的不是专家的蠢话，而是不经筛选，直接用别人脑子思考的人。如果问题不靠自己的力量去解决，那又有什么意义呢？

斯蒂芬·雷曼老师笑着说道："作为一名专家，本就在某一领域有建树，既然如此，就更应该谨言慎行，不要散播不实传言扰乱民众思维。我记得中国有位专家，曾经发布了这样一条消息：空腹吃食物不好。这条明明白白的蠢话，却被无数人转发了上万条。如果各位看到这样的消息，连脑子都不过，直接便转发散播出去了，又怎么好意思说自己是逻辑人呢？"

"各位从小接受马克思主义教育，应当知道鉴别真理正确与否的是实践，而不是书本或某个专家的话，"斯蒂芬·雷曼老师耸了耸肩，接着说道，"遇到专家的蠢话，逻辑思维会告诉你们如何鉴别。你也会发现专家也不过如此，如果专家没有逻辑思维，那比普通人还不如，起码普通人不会掀起这么大的蠢话风波。"

学生们都笑了。

斯蒂芬·雷曼老师拍拍手，说道："我可以肯定地说，各位积累在大脑里的知识，正不断地和这个世界脱节。因此，当各位遇到没有办法得到结果的难题时，请一定要相信自己，并且努力推导出属于自己的结论。因为这种不被他人的意见洗脑，不坐等别人给出现成答案的态度，才是逻辑学所提倡的！"

张萌感慨万千地点了点头。是啊，恰如斯蒂芬·雷曼老师所说，什么是人才？什么是真正的专家？就是那些"能够独立对事物进行分析、思考，并且提出新的构思，以此推动事业发展"的人。因为这些人会通过逻辑思维，对遇到的问题进行彻底的分析，找到本质的问题，并提出解决方案。不管面对何种状况，有逻辑思维的人都能保持前进的脚步。

斯蒂芬·雷曼老师攥住双拳，强调道："最重要的一点，就是不要让你的思维僵化。一定要不停地提出问题，用自己的头脑去思考。各位不要觉得逻辑思维是一个多高大上，多难的东西。

最怕的是各位看到问题时，会出现'到时候再说''我查一下答案'或'我去问问别人'这种懒惰的态度。你只要看到问题的时候，自然而然地在头脑里思考'我该如何做呢'这样的问题就可以了。当你养成这样的习惯后，才能取得长足的进步。"

一个穿着西装，打着领带的年轻人说道："斯蒂芬·雷曼老师，我有个毛病，就是不懂得坚持自己的想法，总感觉自己没有权威人士那么正确。"

斯蒂芬·雷曼老师笑着说道："谦虚是好事，但没必要妄自菲薄。当你怀疑自己的时候，只能说明自己对这个答案也不笃定。比如今天专家说'人类的手指都有六根'，你会觉得他说的话靠谱吗？不会，因为你很明确'人类的手指不一定都是六根'这个想法。所以，这个问题也很好解决——找到证明自己观点的例证就可以了。"（见图6-2）

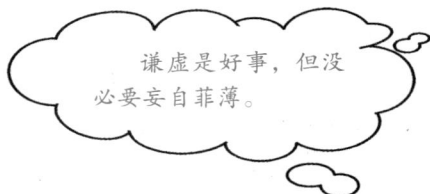

> 谦虚是好事，但没必要妄自菲薄。

年轻人心悦诚服地点点头，坐下了。斯蒂芬·雷曼老师神秘一笑，接着说："刚才我对墨子先生的言论的一番解析，想必让大家都大吃一惊吧？"

图6-2　谦虚

张萌和学生们纷纷点头称是。斯蒂芬·雷曼老师笑着说："那么，本人可又要来一番解析啦。这次，我解析言论的对象是——庄子！"

第三节　夏虫是否可以语冰

斯蒂芬·雷曼老师此言一出，立马在学生中间引起了轰动。

张萌又对斯蒂芬·雷曼老师产生了一丝敬佩之情。斯蒂芬·雷曼老师说道："我对庄子的一句话深表赞同，那便是'夏虫不可以语于冰者，笃于时也'。大家知道这句话是什么意思吗？"

张萌知道，"夏虫不可以语于冰"这句话经常和"井蛙不可以语于海"放在一起使用。这句话的意思就是说，活在井底的青蛙，到死的时候也只能生活在巴掌大的井底，你跟它说大海有多大多大，对它来说太虚幻了，它反而觉得你在吹牛；只活在夏天的昆虫，你跟它说冬天的冰块有多冷，它没有见过，自然不信你。

斯蒂芬·雷曼老师笑着说道："我给大家讲个小故事吧。孔子有一位弟子，某天正在院门扫地，一位浑身翠绿的客人前来拜访，弟子便上前接待。来客听说弟子是孔子的得意弟子，便问道：'一年到底有几个季节？'孔子的弟子心生疑惑，但还是如实回答道：'一年有四个季节，分别是春夏秋冬。'不料来人大怒道：'胡说，孔子的学生竟然如此无知，一年明明只有三个季节。'孔子的弟子按捺不住，与来人争吵起来。最后二人决定，以磕三个头为赌注。"

大部分人都露出了确定的神色，一年怎么可能只有三季呢，明明有春夏秋冬四季啊。只有张萌和小部分人明白故事接下来的走向。

斯蒂芬·雷曼老师继续说道："恰逢此时，孔子掀开帘子从里屋出来，看见此景便询问是怎么回事。孔子的学生自认为胜券在握，于是看见孔子就表现得很高兴，一脸得意地问孔子说：'老师，一年有几个季节啊？'不料，孔子看了下来人，道：'一年只有三季。'孔子的弟子大惊，只能向来人磕了三个响头。等客人走后，弟子有些不服气地问孔子：'一年明明有四季，为什么您说只有三季？'孔子回答道：'你来看，此人全身都是绿色，是一只蚱蜢。它春天生，秋天死，一辈子都没见过冬季，你就算跟它讲到死，它也不会信服。'"（见图6-3）

图6-3　三季人

大家都恍然大悟。有些学生小声嘀咕，蚱蜢成精了？但是，故事讲到这里，真假已经不重要了。这个故事是值得每个人深思的，尤其值得逻辑人深思。当然，每个人的见识都是有局限性的。就比如哥白尼提出日心说，在当时，每个人都认为这是异端邪说，甚至将哥白尼视作魔鬼的化身，要把他绑起来烧死。

斯蒂芬·雷曼老师摇了摇头，说道："由此可见，不与傻瓜论长短才是明智的事。人类总会对未知的事情感到恐慌，这也是人类的本能之一。当然，逻辑人应该竭尽全力维护自己所知的立场，但试想，你若和一个傻瓜争辩，又能得到什么？无非是在浪费自己的时间和精力罢了。现如今聪明人越来越多，但不意味着傻瓜越来越少。因为在大部分人心里，都觉得傻瓜是对方，而自己则属于聪明人。所以，在你眼里他是傻瓜，在他眼里你是傻瓜。争辩是毫无意义的。"

一个男生举手示意道："那斯蒂芬·雷曼老师，我们就冷眼旁观即可吗？当然要把自己的观点和建议说出来吧？"

斯蒂芬·雷曼老师笑着摇摇头，答道："争辩当然是要的，但也要选择正确的对象，如何避开傻瓜，才是你应该琢磨的事情。因此，你可以跟你的同学或同事争辩，毕竟你们是处在同一等级线的人，世界观、人生观和价值观也更趋同，当对某件事情有不同的看法时，会各抒己见，收获知识的时候也不会觉得累。真朋友都是志同道合的，这句话没毛病。"

大家都赞同地笑了起来。

斯蒂芬·雷曼老师接着说道："不和夏天的虫子谈论冰雪之事，这句话的原版是'夏虫不可语于冰，笃于时也；井蛙不可语于海，拘于虚也；曲士不可语于道，束于教也'。最后一句，不能跟乡下的书生谈论大道，是因为他们受到教养的束缚。所以，不与傻瓜争辩也正是这个道理。"

张萌点点头。是啊，从这个意义上讲，很多时候我们都没必要把道理全跟人家讲清楚，因为要考虑你面对的对象值不值得"谈"。如果你跟一个一生都没见过冬天的虫子说雪，那它又知道那是什么东西呢？就像张萌在律师事务所的时候，同事对自己说的那样："别跟疯子吵架，否则旁人会把你也看成疯子的。"

斯蒂芬·雷曼老师说道："活不到冬天的夏虫，是永远无法理解'冰雪'的含义的。我们将其称为'认识的局限性'。如果对方不是夏虫，你不但可以语冰，连风花雪月也是可以语的。夏虫的思维模式，就是它脑子里的全部内容。它认为，所有的知识已经在自己的掌控之中，对于自己不知道的知识，则认定是错误的，不愿接受的。"

"这就形成了很有趣的现象：所知越少的虫子，能感到的无知就越少；所知越多的虫子，能感到的无知就越多，"斯蒂芬·雷曼老师笑道，"这就是我们在逻辑学上常说的'夏虫悖论'"。

大家都发出无奈的声音。确实，现在社会中的"夏虫"太多了。人人都觉得自己更渊博，更独一无二，殊不知正是这种思维，才局限了自己的发展。

斯蒂芬·雷曼老师说道："各位还记得我说的错误类比吗？"

学生们纷纷点头表示记得。

斯蒂芬·雷曼老师笑了笑："那么，我们对夏虫不可语冰有了颇多的感想，那错误类比又能让我们引发什么样的思考呢？"

第四节　错误类比引发的系列思考

学生们七嘴八舌地讨论起来。听大家说得差不多了，斯蒂芬·雷曼老师缓缓地开了口："我们先来说一下类比让人类引发的思考。类比是人们探索未知的重要方法，我们在生活中也常常用到，而且准确率也是很高的。例如，我讨厌不懂装懂的人，那么类比别人也会讨厌不懂装懂的人。"

一个戴眼镜的女生举手说道："斯蒂芬·雷曼老师，请问类比在科学发现上有什么重要作用吗？有例子吗？"

斯蒂芬·雷曼老师笑着说道："当然有，我亲爱的学生。例如，人们看到水波后，就类比到机械波领域，再类比到人们看不见的电磁波，然后类比到各种微观粒子波。这种类比也是人类文明史上的重要发现。宇宙大爆炸各位都知道吧？其理论也是类比了太阳的核聚变。我可以毫不夸张地说：是类比思维推动了人类文明的发展，类比思维是逻辑思维的重要组成部分。"

同学们都听得热血沸腾，连连点头。

斯蒂芬·雷曼老师接着将话题引到正题上："但类比也常常发生错误。不仅是我刚才提到的，普通人会发生类比错误，就连科学家也经常会运用错误类比。例如，杨振宁、李政道在发现宇称不守恒的过程中：τ和θ是完全相同的同一种粒子，后来被称为K介子，但在弱相互作用的环境中，它们的运动规律却不一定完全相同，然而在以前物理学家的眼里，同一种粒子在任何情况下的运动规律是一样的，不会因为在月球上电子运动规律就不一样了，不会因为在低温下电子的运动规律就变了。所以这个类比在K介子上就不成立。"

大家听得有些云里雾里，斯蒂芬·雷曼老师换了一个简单易懂的例子："很多人都读过钱钟书的《围城》吧？里面有句话是这样写的：鲍小姐穿衣服很赤裸裸，真理也是赤裸裸的，所以鲍小姐是真理，但鲍小姐又不是完全赤裸，所以修正为局部的真理。这种错误类比确实叫人啼笑皆非。"

大家都愉快地笑了，斯蒂芬·雷曼老师也笑着开口道："我们再看一个错误类比推理：刚搬家的教授走到隔壁邻居家门口打招呼'您好，我是逻辑推论学教授。'邻居说'您好，逻辑推论是什么？'教授说'我给您举个例子吧。您后院有一个狗屋，说明您养狗对吧？'邻居说'确实。'教授说'你养狗，说明你有个家，就是有老婆。'邻居说'没错。'教授说'既然你有老婆，

说明你是异性恋，对吗？'邻居拍手称赞'太对了，逻辑推论真是厉害。'"（见图 6-4）

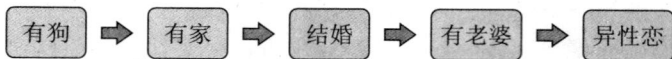

图 6-4　逻辑推理

大家都笑了起来。斯蒂芬·雷曼老师继续说道："那么，错误类比来了！请各位听好：邻居过两天遇到一个住隔壁的男士，于是也想秀一下自己的逻辑推论，便上前搭话：'嘿，我跟刚搬来的教授聊过了，他的工作很有趣。'男士问道：'是什么工作？'邻居说：'是逻辑推论。'男士不解道：'那是什么？'邻居说：'我举个例子让你瞧瞧。你家有狗屋吗？'男士摇摇头说'没有'。邻居耸耸肩说道：'ok，你是同性恋。'"

斯蒂芬·雷曼老师的话音刚落，学生们就爆发出一阵大笑。看来错误类比真是让人哭笑不得啊。

斯蒂芬·雷曼老师接着说道："在日常生活中，这样的错误类比的例子也比比皆是。例如，很多人都学习了'三角形定理'，然后就在网上发问：'都说三角形是最稳定的结构，那三角恋为什么就不行呢？'这就是一个很常见的错误类比。三角形和三角恋虽然都带'三角'二字，但实质上却大相径庭，又怎么能放在一起比较呢？"

张萌身边一位穿工服的年轻人说道："没错，我们老板经常让我换饮水机的桶水。我问老板为什么不让小刘去，老板说：'你学水利，他学计算机，等修电脑的时候我自然会让他去。'这句话虽然让我无法反驳，但这也是错误类比吧？"

大家都笑了，斯蒂芬·雷曼老师也笑了起来："当然是错误类比。在辩论界有句名言，说一切类比都是错误类比。因为大家用来类比的东西都是不同的，所以肯定有地方用来攻击对方类比不当。"

斯蒂芬·雷曼老师说道："那么，各位听了这么多错误类比的例子，都引发了什么样的感触呢？"

张萌率先举起手来说道："我觉得，错误类比的错误，就在于夸大了事物之间的联系。按照唯物辩证法的观点，联系是事物之间以及事物内部诸多要素之间的相互影响、相互作用和相互制约。任何事物都有它不同于其他事物的特殊本质，任何事物之间既相区别又相联系。如果主观地忽略联系的存在，就会把本来有联系的事物孤立起来，这是错误的、形而上学的观点。而错误的类比方式则是夸大了联系的作用，认为所有东西都有联系。"

斯蒂芬·雷曼老师赞许地点点头："我自己也不能说得比这更好了。因此，我们在遇到两个相似事物的时候，也要注意联系的重要性。用逻辑思维看问题。"

张萌不好意思地笑了笑，暗想：这也多亏斯蒂芬·雷曼老师教导有方。

斯蒂芬·雷曼老师对大家鞠了一躬："今天的逻辑学课程就到这里了，请大家以后擅用逻辑思维思考问题，相信各位的逻辑能力也会更上一层楼。"

大家纷纷鼓起掌来，希望用最热烈的掌声送别这位优秀的逻辑学家。

第七章
罗素导师主讲"逻辑学中的另类系统"

本章通过四个小节,详细介绍了罗素在逻辑学中的著作及观点。同时借罗素的思考,为读者展开一幅逻辑学另类系统的画卷。本章讲述了直觉主义逻辑、模态逻辑和次协调逻辑。其中,绝不为错误的信仰现身,也是罗素著名的观点之一。本章适用于逻辑思维较强的读者,以及希望提高自己逻辑思维能力的读者。

伯特兰·罗素(Bertrand Russell,1872—1970),英国首相约翰·罗素伯爵之孙,20世纪英国哲学家、数理逻辑学家、历史学家,无神论者,也是20世纪西方最著名、影响最大的学者和和平主义社会活动家之一。

伯特兰·罗素也被认为是与弗雷格、维特根斯坦和怀特海一同创建了分析哲学。他与怀特海合著的《数学原理》对逻辑学、数学、集合论、语言学和分析哲学有着巨大影响。1950年,伯特兰·罗素获得诺贝尔文学奖,以表彰其"多样且重要的作品,持续不断的追求人道主义理想和思想自由"。他的代表作品有《幸福之路》《西方哲学史》《数学原理》《物的分析》等。

第一节　当逻辑面临"基因变异"

　　张萌从斯蒂芬·雷曼老师的课堂回来后，就一直回味着课堂内容。在没上逻辑课之前，张萌总以为逻辑学是一门枯燥又复杂的学科，直到今天才恍然，原来逻辑学这么有趣，还与自己的生活息息相关。

　　今天又是哪位老师给自己带来精彩一课呢？张萌不由得在心里暗暗地想。

　　当张萌在大厅里坐定后，却突然发现课堂里格外热闹。大家似乎都听到了什么消息，正在激动地讨论着。

　　张萌拉住一个男生，问道："大家都在讨论什么？"

　　男生有些兴奋地说道："嗯，虽然我也不确定……但今天好像是伯特兰·罗素来讲课！"

　　伯特兰·罗素？张萌也有些激动。虽然她对伯特兰·罗素老师没有太多接触，但也是久闻伯特兰·罗素的大名。他不但是逻辑学家，还是诺贝尔文学奖的获得者，同时在哲学和数学方面也有很深的造诣。张萌有预感，今天一定会大有收获。

　　就在学生们的期盼中，一位瘦削却精神矍铄的西方老者缓缓走上讲台。老者西装革履，五官深邃，手持一个老式烟斗。眼前的人不是伯特兰·罗素还能是谁？

　　伯特兰·罗素看着一脸激动的学生们，笑吟吟地开了口："各位下午好！我是各位的逻辑学老师——伯特兰·罗素。"

等学生们稍稍平静一些后，伯特兰·罗素老师抛出自己的问题："各位，大家都知道要通过逻辑思维，透过现象看本质吧？我们今天就来谈谈，这个本质究竟是什么？"

伯特兰·罗素老师的问题一出，张萌就陷入了思考。本质就是"实事求是"嘛，还能是什么呢？

伯特兰·罗素老师看着一脸疑惑的学生们，笑着说道："其实，我个人把本质看作'分清边界'。因为不管哪一种命名，其想要表达的含义都是一样的：把各种现象分拆归类，剔除掉无关的因素，剩下的因素就是这一现象的本质。但是，我们在现实生活中，却总被各种无关的要素蒙蔽了双眼。"

一个戴眼镜的女生有些不解道："伯特兰·罗素老师，您能给我们举个例子吗？为什么我们会被无关要素蒙蔽双眼呢？"

伯特兰·罗素老师微微一笑，说道："我给各位讲个故事吧，各位要认真听。第二次世界大战期间，有两名士兵的关系非常好，士兵A对士兵B说：'在战场上，我可以替你挡原子弹。'后来，在一场战役中，两名士兵被爆炸的电热水壶炸到了月球上，士兵A的腿被炸伤了，士兵B没有抛弃他，二人一起逃回地球。两个人的关系更好了。后来，两个人活到了美国大选。士兵A支持特朗普，士兵B支持希拉里，士兵A就把士兵B打死了。士兵A很愧疚，于是来到中国散心，这时候收到一条短信：'我是希拉里，我大选失败逃到中国，给××××账号汇款五十万，日后双倍奉还。'士兵A想知道，这条短信可信吗？"

学生们都张开嘴，一脸不可置信的表情。伯特兰·罗素老师到底在说什么啊？伯特兰·罗素老师看着学生们瞠目结舌的表情，笑得更厉害了："看，这就是典型的逻辑变异。很多人都会觉得这个故事很弱智，觉得这都哪儿跟哪儿啊！但事实上，

097

我们身边的很多人、很多事都像我们这个例子一样，充满很多无关联、无意义的元素。想提出一个问题，却说了很多没必要的前提介绍；想论证一个命题，却提到了很多和命题没有逻辑关联的内容。"

张萌恍然大悟，自己又何尝不是这样呢？每次想说一件事的时候，总会做太多的铺垫。结果就是让对方更加迷惑，甚至变得不耐烦。

伯特兰·罗素老师说道："我们在这个故事中，前面天花乱坠地说了那么多，什么士兵 A 和士兵 B 的关系，什么电热水壶、月球、地球、支持谁不支持谁，统统都和本质没有半毛钱的关系。实质就是在问能不能相信最后的短信。"

一个衣服上印着赵丽颖头像的女生开口道："没错！您说得太对了，就像我每次看电视剧的时候，总会被赵丽颖的演技吸引。但是评论区有很多人根本不看赵丽颖的演技，不看电影本身，非要东拉西扯别的东西。"

伯特兰·罗素老师点点头："我虽然不认识你说的赵丽颖，但这种情况的确很常见。例如，在考虑要不要离婚的时候，女方没有想自己能不能继续忍受男方的家暴，而是顾忌男方是个打假英雄。很多时候，并不是本质很复杂，只是我们需要花费时间，才能看到本质。"

女生点点头，伯特兰·罗素老师接着说道："看不到本质的根本原因，就是我们逻辑学上常说的'泛逻辑关联'。例如，在要不要与男方离婚的问题上，'男方对你家暴'就是与问题直接相关的'有效逻辑关联'；而'男方是打假英雄''男方是抗日英雄''男方拯救了全人类'等，都是与问题没有直接相关的'泛逻辑关联'。"（见图 7-1）

伯特兰·罗素老师继续说道："'泛逻辑关联'指的就是某一因素，与主题之间有宽泛的、不重要的逻辑关系。正因为有这种关系存在，才会让人们在考虑问题的时候，把这一因素考虑进来，从而形成思维干扰。"

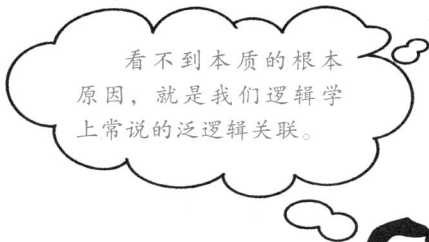

> 看不到本质的根本原因，就是我们逻辑学上常说的泛逻辑关联。

图 7-1　本质

张萌点点头，原来自己就经常受到"泛逻辑关联"的影响，在具体问题上，泛逻辑关联的因素本质上等同于没有任何关联的因素。看来以后真的要注意了。

伯特兰·罗素老师看着若有所思的同学们，笑着说："接下来，我给各位介绍一下模态逻辑——"

第二节　什么是模态逻辑

模态逻辑？伯特兰·罗素老师话音刚落，学生们就立刻陷入了思考：什么是模态逻辑呢？

伯特兰·罗素老师笑着说道："大家都有这样的感触——在生活中，我们在刚开始认识客观事物的时候，不可能一下子就对其十分了解。因此，我们对这些客观事物的判定，也不可能立刻就得到结论。"

张萌点点头，确实是这样。自己在接触新事物的时候，总会因为第一印象给对方贴上一个标签。这就是模态逻辑吗？

伯特兰·罗素老师似乎看出了张萌的疑问，说道："当然，这并不是模态逻辑。模态逻辑是通过研究模态判断的逻辑特性及其推理关系的逻辑学。而模态判断，则是断定事物情况的可能性。"

一个男生一脸蒙圈地说道："伯特兰·罗素老师，您讲的是天书啊！有没有例子能让我们更好地理解呢？"

伯特兰·罗素老师无奈地笑道："好吧，我先问各位两个问题。海底捞针这件事，有可能实现吗？"

大家仔细想了一下，纷纷说道："虽然很困难，但还是有可能实现的！"

伯特兰·罗素老师笑道："那水中捞月呢？"

这一次，大家马上给出了自己的答案："不可能！水中只有月亮的倒影，又怎么可能捞起月亮呢？"

伯特兰·罗素老师笑着拍手道："看，各位已经知道模态判断了。断定事物可能或不可能的情况，就是模态判断。在我们刚接触事物的时候，不会一下子就做出模态判断，海底捞针和水中捞月可能与否的结论，都是经过无数次考证和总结得来的。"

男生有些听明白了，又有些没听明白。伯特兰·罗素老师看着他似懂非懂的样子，无奈地说道："好吧，我再给各位举个例子吧。有一个人买彩票，中了大奖一千万元。甲乙丙三个人听说后，就去买彩票。甲说：'既然有人中奖，说明它可能中，我们去买吧。'乙说：'别人能中，不代表我们也能中，我们只是可能中奖，所以我们可以试试。'丙说：'别买了，我们绝对中不了。'

请问，这三个人谁说的话不对？"（见图7-2）

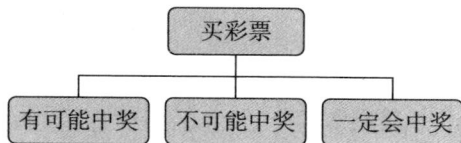

图 7-2　买彩票

伯特兰·罗素老师的话音刚落，张萌就抢答道："甲和乙是正确的，丙是错误的！"

伯特兰·罗素老师赞许地点点头："不错，丙说的话太绝对了。'绝对中不了'这句话，是对可能性的全面否定。有人买彩票中奖了，就说明这个彩票可能会中，也可能不会中，不存在绝对中不了的概念。这就是我要给各位讲的模态判断。"

一个戴眼镜的女生说道："是呀，万事哪有绝对呢？有专家就说，中一千万的概率，要比攒一千万的概率大得多。"（见图7-3）

图 7-3　概率

大家都笑了。

伯特兰·罗素老师也微笑着继续说道："刚才我已经给各位介绍了模态判断，下面，我就给各位讲解一下与模态判断相对应的必然判断。"

张萌想了想，既然模态判断是人们对事物进行的一种深入判断，那必然判断应该就是人们对事物必然可行或必然不可行的判断吧？

果然，伯特兰·罗素老师举例子道："大家都知道，前一阵子禽流感闹得人心惶惶。有人说，菜市场卖的活鸡可能会携带禽流感病毒，于是很多人都选择不吃鸡，等这阵子风头过了再吃。但是，谁也不知道禽流感到底存不存在于这个市场。可能存在，也可能不存在，但是人们更相信它存在，并且避免了买到禽流感鸡的可能性。这就是人们的模态判断趋向必然判断的表征。"

"哦！我明白了，"一个女生不由自主地说道，"您的意思是，必然判断就是人们趋利避害的心理！"

伯特兰·罗素老师笑着点点头，说道："不错，再拿刚才买彩票的例子说。人们明明知道，自己中大奖的概率非常低，但还是不由自主地选择买彩票，而且是坚持不懈地买。这就是一种必然判断。"

张萌看见很多学生都不停地点头，不由得暗想道：身边的彩民还真不少！

伯特兰·罗素老师接着说："其实，谁能保证菜市场的活鸡带有病毒？说不准所有的鸡都是健康的；谁又能保证中彩票大奖的那个人是自己？也没人能够保证。大家只是受到心态的影响。而学习逻辑学的作用，就是让我们用理性的方法，应对生活中的各种事情罢了。"

看见学生们一脸若有所思的表情，伯特兰·罗素老师愉快地笑了："各位应该都看过我的书吧？"

　　有一小部分同学没有吭声，但大部分同学都表示看过。伯特兰·罗素老师有些不满地说："各位！本人的拙作还是能让大家获益良多的！尤其是我的《数学原理》，那可是集逻辑、数学、语言、分析哲学等于一身的佳作呀！当然，我尤其推荐的是我的自传……"

　　大家都调皮地笑了，想不到大名鼎鼎的罗素老师竟然推销起自己的自传了！伯特兰·罗素老师继续说道："在本人的自传中，序言也跟我们的逻辑学息息相关，那便是'我为什么活着'。"

　　一个男生不解道："为什么活着？这跟逻辑学有什么关系？"

　　伯特兰·罗素老师神秘一笑："别急，且听我慢慢道来——"

第三节　直觉主义逻辑：人为什么而活

　　伯特兰·罗素老师说道："其实，要想探究人为什么活着这个问题，还需要从直觉主义逻辑讲起。所谓直觉主义逻辑，直觉主义认为人固有地能洞察世界的真相，这种'能'被固化到人的心智里面，称为直觉。就像中国古代的'天人'观念一样，不过需要反着理解。任何合于人的直觉，都合于天之大道。这是道法于人，而不是人法于道。也像是'造物主'将它自己的'基因'传递给了人或其他的物种，该物种通过这些基因最终能构造出造物主的世界。"

　　大家都听得云山雾罩，张萌不由得开口道："伯特兰·罗素老师，您能讲得具体一点吗？这些学术性的东西，我听得有些费劲啊！"

大家都使劲点头表示同意。伯特兰·罗素老师无奈地说："好吧，我就用我在自传序言中写到的内容给各位详细讲解一下吧。我为什么活着呢？其实只在追求三方面的原因，这三方面的原因归结起来就是爱。第一，爱情偶尔会给我带来惊喜。这种惊喜非常有感染力，让我甚至愿意为了体验几小时爱，而牺牲其他的一切。"

伯特兰·罗素老师一脸陶醉的表情，让很多同学都窃笑起来。

"各位不要笑嘛。我要说的第二点，就是爱情可以让人摆脱孤寂——身历那种可怕孤寂的人的战栗意识，有时会由世界的边缘观察到冷酷无生命的无底深渊。最后一点，在爱的结合中，我看到了古今圣贤，以及中外诗人们的梦想，那就是天堂。这也是我所追寻的人生境界。"伯特兰·罗素老师一脸认真地说道。

看来罗素老师真是痴情啊。全班同学的眼神里都透露出这个信息。伯特兰·罗素老师没有丝毫不好意思，反而把手一挥，说道："我曾经用同样的感情去追求知识，因为我十分渴望去了解人类。我想知道为什么星星能发光，我也想了解毕达哥拉斯的力量。关于爱情与知识的领域，总能指引我到达天堂。可是，对人类苦难的同情却常常将我带回现实世界。"

张萌听得有些汗颜，跟伯特兰·罗素老师一比，自己对活着的理解确实是太肤浅了。

伯特兰·罗素老师继续说道："现实世界中充斥着痛苦的呼唤，这种痛苦也时常引发我的思考。例如，挨饿的孩子、受压迫的弱者、孤苦无依的老人以及全球性的贫穷和痛苦的事物，这些都是对人类生活的无视和讽刺。"

"我常常尽自己的微薄之力去减轻这不必要的痛苦，但我发现我完全错了，因此我自己也感到很痛苦，"伯特兰·罗素老师语气有些沉重地说，"这就是我的一生，我发现人是值得活的。如果有谁再给我一次机会，我将欣然接受这难得的赐予。"

张萌突然觉得伯特兰·罗素老师有些沧桑，但他对活着的理解却十分引人注意。张萌还记得胡适说过这样一段话："生命本身没有什么意义，你要能给它什么意义，它就有什么意义。与其终日冥想人生有何意义，不如试用此生做点有意义的事。"

作家余华也在其小说《活着》的前言中写道："人是为活着本身而活着，而不是为了活着之外的任何事物所活着。"

伯特兰·罗素老师发现班上的气氛有些沉重，于是换上了轻松愉快的语气："其实，人作为生物的一种，求生是每个人的本能，而活着则是生命的唯一要求。大家都知道，活着是美丽的，尽管有时会痛苦，会贫穷，会遭受折磨，但和死亡相比，活着就是一种幸福。当然我不否认有人不畏惧死亡，但死亡就像一片枯叶，是没有生机和梦想的。"

一个手上戴着佛珠的男生点点头，对伯特兰·罗素老师的话表示认同："是啊，人活着可以感受阳光的温暖，能有无穷无尽的绚丽的幻想。就算我们在苦难中煎熬度日，也会有雨过天晴的到来。到那时，我们就会暗自庆幸'我还活着'，只有经历过死亡的洗礼，才知道活着有多么可贵！"

伯特兰·罗素老师对男生的话表示赞同："在逻辑学中，活着的问题经常被拿来讨论。很多人认为，活着不过是一种本能，但在逻辑学家看来，活着不仅是一种本能，还是一种恩赐。就算你的生活平凡，但一壶浊酒，几碟小菜，瓜棚豆下，鸡鸣狗叫，儿欢女绕，岂不也是非常快乐的吗？"

张萌想到了柏拉图的一句话：决定一个人心情的，不在于环境，而在于心境。

伯特兰·罗素老师说道："日本的著名作家池田大作也说：'在人们周围，能够看到这样一种情况：物质上的富裕反而招致精神上的贫困。'活着有太多的诱惑，我们很容易在眼花缭乱中迷失自己。我们不可能每个人都成为出类拔萃的人才，但这并不影响我们好好活着。"

张萌不由得脱口而出："敢于承受生命的无意义而不低落消沉，这就是生命的骄傲。"

伯特兰·罗素老师笑着点点头："不错，这是尼采的话。生命于我们所有人来说，都只有一次。但是对生命的感悟却是因人而异。没有对死亡的畏惧，哪有对活着的热情呢？"

伯特兰·罗素老师继续说："就像我，对爱情的渴望，对知识的追求，以及对人类苦难不可遏制的同情，这些就是支配我一生的而强烈的三种感情。这些感情如阵阵飓风，吹拂在我动荡不定的生涯中，有时甚至吹过深沉的海洋，直抵生命的边缘。"

伯特兰·罗素老师的这段话，让在座的学生掌声顿起，经久不息。

第四节　次协调逻辑：绝不为错误的信仰献身

伯特兰·罗素老师关于活着的话题，在学生们中间产生了一个小高潮。等大家的情绪稍微平复些，伯特兰·罗素老师又抛出了下一个知识点："各位，我刚才已经讲了——每个人的生命只

有一次，这就要求我们绝对不要为错误的信仰献身，这也是我经常说的一句话。"（见图7-4）

人的生命只有一次，所以不能为错误的信仰献身。

图7-4　错误信仰

有不少同学都点头表示听过这句话。伯特兰·罗素老师说道："这就要求我们掌握次协调逻辑。次协调逻辑属于异常型的非经典逻辑，次协调逻辑的哲学动机就是要重新构建符合非形式原型的逻辑系统。"

张萌无奈地想：罗素老师又开始拽文了，这些学术性的语言实在太晦涩难懂了。

果然，一个男生忍不住说道："伯特兰·罗素老师，您还是给我们举个例子吧。我实在跟不上您的学术性语言呀。"

伯特兰·罗素老师摊手道："就拿我刚才的话举例吧。我说过：人的生命只有一次，所以不能为错误的信仰献身，对吧？"

大家点头表示赞同。伯特兰·罗素老师接着说："因为信仰不是一成不变的。在人生的不同阶段，我们可能会信奉不一样的东西作为精神寄托。例如，年轻时候，人们都崇拜有能力的人或事物，因此年轻人也更容易被热血的信仰所影响；到中年，人们会更趋于理性，可能会信奉物质的东西；到了老年，人们开始逐渐接触死亡，对生存的希望则成了大部分人的精神寄托。"

学生们点头表示同意。伯特兰·罗素老师继续说道："各位可以试想，如果现在有人信仰君主专制，并且为自己信仰的东西牺牲了。可以想见，他所牺牲的，不是他活着的现在和已经拥有的过去，而是牺牲在他所不知的未来。简单来说吧，未来充满无限的可能性，而这些可能性中，也存在他之前想要为之而死的信仰是错误的。我说得对吗？"

大家纷纷点头称是，伯特兰·罗素老师说道："如果只给我两个选项：选择这个信仰和继续思考是不是真的只有这个信仰可选，我一定会选择后者。毕竟，多思考几年，论证这个思想，如果当初我的信仰是对的，那我会继续选择它。如果当初我的信仰是错的，那我再换一个就好了。"

大家都笑了，伯特兰·罗素老师也活得太朴实了。伯特兰·罗素老师仿佛看透了大家的心思，开口笑道："大家是不是觉得我很朴实啊，还有更朴实的呢！举个例子吧：你们都参加过考试吧？当你答完试卷后，发现还有时间。你是提前交卷走人啊，还是把之前做过的题目都检查一遍？如果是我，肯定会回头检查一遍，毕竟还有时间，谨慎点总是没有坏处的。"

张萌暗想：就像伯特兰·罗素老师刚才讲的，我们都应该好好活着，因为每个人的生命只有一次，如果不想改变世界，那更要好好活着，老老实实安安稳稳地度过这一生；如果想改变世界，想让这个世界变得好一点，那当然也要好好活着，因为只有活着才能做更多事。

伯特兰·罗素老师说道："很多时候，人们为错误的信仰牺牲，还以为是自己成就了自己，实际上却是点燃了自己，照亮了别人的名字。而这个别人，大部分是一些政客和野心家。那些战争中的小兵，有谁会记得他们的名字呢？人们只会记得战争的发动者，只会记得希特勒、墨索里尼和东条英机等。肯定会有人以为，自己的牺牲能让这个世界变得更好，可实际上的好与坏，谁又能知道呢。"

伯特兰·罗素老师继续说道："逻辑学家比常人多说的一句话，就是'我可能是错的'。人们做的所有一切，都有自己的行为意义所在。没有人会为了一个明知错误的理念而牺牲，所以，在做出生死的决断前，一定要想好自己为什么要这么做。要知道，信仰本身是没有错的，错的只是人类意志的体现，关键就在于指引信仰的方向。"（见图7-5）

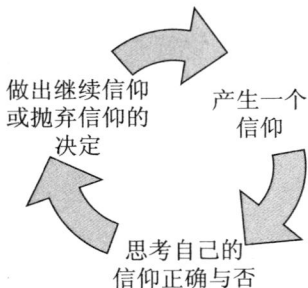

图 7-5　信仰循环

"我说的这些，都是次协调逻辑的内容，其主要基于大逻辑的观点，"伯特兰·罗素老师说道，"将次协调逻辑放在了与非经典逻辑、逻辑真理观、诸矛盾问题及科学新模式相联系层面上来探讨其哲学价值，并认为，由次协调逻辑所带来的哲学问题是积极的。"

大家都心悦诚服地点点头。伯特兰·罗素老师继续说道："记得第一次世界大战的时候，我没有去参战，而去反战。有个老太太很生气地质问我说：'别的小伙子都为了保卫文明，穿上军装去打仗了，你就不惭愧么？'我是这样回答的：'我就是他们要保卫的那种文明。'"

大家听了，身上不由得泛起热血，这句话实在是太有范儿了！伯特兰·罗素老师没有自豪，而是认真地说道："我说过两句话，一句是：'我不会为我的信仰而献身，因为我可能是错的。'还有一句话是：'你相信什么并不重要，重要的是你别完全相信它。'我希望这两句话能带给各位一些感悟。"

在学生们热烈的掌声中，伯特兰·罗素老师整理了自己的教材，慢步走下了讲台。

第八章
莱布尼茨导师主讲
"非逻辑思维的根源"

本章通过四个小节，详细介绍逻辑学中的极端现象。同时使用了大量的佐证，以及幽默易懂的配图，为读者讲述了非逻辑思维的根源在哪里。本章内容丰富，且文字浅显易懂，读者能在轻松明快的氛围下进行阅读。本章适用于逻辑思维能力较弱的读者，可以帮助这部分读者提高自身的逻辑思维能力。

戈特弗里德·威廉·莱布尼茨

（Gottfried Wilhelm Leibniz，1646—1716）德国数学家。第一个公开微积分方法的人，并且符号被主流应用，而牛顿是确认早于戈特弗里德·莱布尼茨莱布尼茨使用微积分的。

中年后戈特弗里德·莱布尼茨健康出现问题，智力退化严重，初步估计一次剧烈的健康下滑产生于莱布尼茨去往意大利后。戈特弗里德·莱布尼茨于50岁左右开始研究古代中国并且与闵明我通信，70岁辞世。在其死后第一时间由好友——戈特弗里德·莱布尼茨所敬重的法国高人伯·方特纳尔撰写生平。

第一节　怀疑，是否是不幸的根源

张萌上了伯特兰·罗素老师的课程后，心情久久不能平静。虽然早就听闻伯特兰·罗素老师的写作功底深厚，但没想到讲课也如此有吸引力。今天的老师能否超越伯特兰·罗素老师，带给自己更大的惊喜呢？

怀着这样的心情，张萌来到了课堂上。此时的大厅已经坐满了人，张萌迅速占领了一个座席，等待着今天的逻辑学老师"大驾光临"。

就在大家翘首以盼之际，一位老师缓缓走向大厅的正中央。老师一上来，张萌就和学生们发出了一阵爆笑：这位老师的打扮也太好笑了吧。

一位中年男子，穿着古典绅士装，头上戴着厚重的黑色假发，脖子上戴着白色的围巾。在大家的笑声中，男子缓缓开了口："各位下午好啊！我是今天的逻辑学老师，戈特弗里德·威廉·莱布尼茨！"

"哦！您是第一个公开微积分方法的数学家！"一个戴眼镜的男生兴奋地说道。

戈特弗里德·莱布尼茨老师颇为自豪地点头表示肯定："是的，正是在下，但我更自豪的身份，就是我逻辑学家的身份。讲好逻辑学，也是我此行的目的。在我开始讲课之前，想先问各位一个问题——怀疑，是否是不幸的根源呢？"

张萌有些纳闷。按照逻辑思维，常对事物表示怀疑，才能发掘真理，因此，怀疑怎么会跟不幸牵扯到一起呢？

戈特弗里德·莱布尼茨老师看着满脸疑惑的学生们，笑着说："各位，在学术方面保持怀疑的态度，当然是一件可取的事情。但是，如果在生活中事事怀疑，那就不好了。"

一个男生举手示意道："戈特弗里德·莱布尼茨老师，您有什么例子可以证明，怀疑在生活中不是一件好事吗？"

戈特弗里德·莱布尼茨老师调皮地笑了："我认识一对年轻的夫妻，两个人的感情非常好，但妻子却不放心自己丈夫的忠诚。于是，她让自己最漂亮的朋友出马，考验丈夫是否花心。结果当然是丈夫没有经受住考验，两个人以离婚收场了。"（见图8-1）

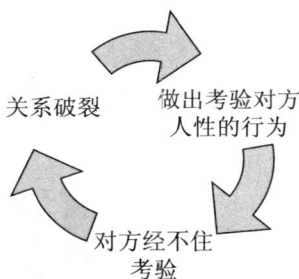

图 8-1　考验

一个女孩子有些不忿地说道："我觉得妻子做得没错，是丈夫没有经受住考验，如果不考验他，以后还会出现这样的问题。"

戈特弗里德·莱布尼茨老师摇摇头，说道："是这样吗？按照丈夫的条件，如果没有妻子的怀疑，他可能一辈子都碰不到如此漂亮的女人，两个人也会平淡幸福地过完一生。但是，这样好的未来，都葬送在妻子的怀疑上了，不是吗？"

女孩子深思了片刻，点头表示同意戈特弗里德·莱布尼茨老师的说法。

"还有一个例子，某位房地产老板有一位得力手下，这位手下给自己赚来了无数钞票，"戈特弗里德·莱布尼茨老师说道，"于是，老板打算奖励他一套房子，就对手下说：'你自己在整个小区里任选一套吧！'手下就选了一套户型很好的大房子。这时，老板却不满意了。"

大家都了然，这个老板是在考验手下呢！果然，戈特弗里德·莱布尼茨老师接着说道："老板心里暗想：没想到你这么贪！于是，老板就擅自将手下选的大户型，换成了一个70平方米的小户型。手下当然心怀不满，于是跳槽走人了，老板就此失去了一个得力干将。"（见图8-2）

"你选吧！我看你要哪套？"

图8-2　房产

大家都叹了口气，看来，生活中的怀疑的确是不幸的根源啊。

戈特弗里德·莱布尼茨老师看着有些消沉的学生们，笑着开了口："各位先别忙着叹气，我这儿还有正能量的例子呢。各位知道芬森吗？他是丹麦著名的医学家，也是诺贝尔奖的得主。在他晚年时，打算培养一个接班人，在众多的候选者中，芬森选中了一个叫哈里的年轻医生。但是他又担心，怕哈里不能在枯燥的医学研究中坚持。于是，芬森的助手向他提议：'让芬森的一个朋友假意出高薪聘请哈里，看他会不会动心。'"

张萌暗想，人生在世，谁不希望自己能有个好工作呢？这样考验人未免有些过分了。

戈特弗里德·莱布尼茨老师接着说道："然而，芬森却拒绝了助手的提议，他说：'不要站在道德的制高点上俯瞰别人，也永远别去考验人性。哈里出身贫民窟，怎么会不对金钱有所渴望。如果我们一定要设置难题考验他，一方面要给他一个轻松的高薪工作，另一方面希望他选择拒绝，这就要求他必须是一个圣人。'"

大家听完这段话，不由自主地鼓起掌来。是啊，我们自己也都不是圣贤，有什么资格要求别人做一个圣人呢？

戈特弗里德·莱布尼茨老师有些感慨地说："最终，哈里成了芬森的弟子，并且成了丹麦著名的医学家。当他听说恩师拒绝考验自己人性的时候，不由得泪流满面：'假如当年恩师用巨大的利益做诱饵来评估我的人格，我肯定会掉进那个陷阱。因为当时我母亲患病在床需要医治，而我的弟妹们也等着我供他们上学，如果那样，我就没有现在的成就了。'"

张萌也颇为感慨地叹了口气，是啊，在生活中，怀疑的确是不幸的根源。如果选择相信对方，放弃对对方的考验，说不定就是柳暗花明呢？对一个喜欢美食的人来说，把他绑起来，告诉他不许动桌子上的珍馐，无疑是一件困难的事；而对一个皇帝来说，让他有一呼百应的权力，却让他吃糠咽菜以身作则，也是痴人说梦的事吧。

戈特弗里德·莱布尼茨老师说道："对于我们这些普通人

不要站在道德的制高点上怀疑别人，这才是聪明人的举动。

图 8-3　道德制高点

来说，都会有自己在乎的东西，而且，人都是有私心的，基本没有任何人能说：自己可以无私地为陌生人奉献而不求任何回报。因此，不要站在道德的制高点上怀疑别人，这才是聪明人的举动。"（见图 8-3）

大家都心悦诚服地鼓起掌来。

第二节　玩世不恭与盲目乐观

戈特弗里德·莱布尼茨老师在掌声稍停后，又开始了新的问题："在座的各位，相对于一丝不苟的人，是不是都更喜欢和玩世不恭的人相处呀？"

大家都笑了，是啊，都感觉和玩世不恭的人在一起，不会那么严肃，也不会让人有压迫感。戈特弗里德·莱布尼茨老师笑着说："大家都喜欢玩世不恭的人，因为大家都觉得，玩世不恭是一种人生态度。玩世不恭的人比较达观，不会锱铢必较，其实这也是一种对现实生活的应对方法，是一种超然世外的自我解脱。"

学生们都点了点头，和玩世不恭的人相处，的确更轻松愉快一些。

"然而，"戈特弗里德·莱布尼茨老师来了个转折，"玩世不恭却不能同乐观画等号哦！要知道，乐观和盲目乐观可是大有区别的！"

张萌点点头，确实，什么事情都要有一个度。乐观是好事，是人们愿意用积极的心态面对一切的高贵性格。乐观的人会用平和的心态，理智地面对一切状况。而盲目乐观则不同，它可能会造成严重的后果，是一种不理智的、逃避的表现。

戈特弗里德·莱布尼茨老师笑着说："中国有一个成语，叫乐极生悲。这个词在逻辑学上也是很出名的词。各位知道乐极生悲背后的典故吗？"

张萌和大部分同学都摇了摇头。戈特弗里德·莱布尼茨老师接着说道："我来给各位讲讲吧。乐极生悲，原来叫'乐极则悲'，出自《史记·滑稽列传》。战国时期，齐威王喜欢彻夜饮酒作乐。有一年，楚国大军压境，齐威王赶紧派心腹淳于髡上赵国求救。果然，淳于髡带来了赵国的十万大军，保住了齐国。齐威王很高兴，就摆了酒宴请淳于髡喝酒。"

学生们听得津津有味，没想到这些外国的逻辑学家都对中国的历史颇有研究啊。看来中国历史对逻辑学的影响很深远。

戈特弗里德·莱布尼茨老师接着说道："酒宴上，齐威王问淳于髡：'先生喝多少酒才会醉？'淳于髡一看这架势，就知道齐威王又要彻夜饮酒作乐了。于是说：'在下喝一斗酒也醉，喝一石酒也醉。'齐威王不解其意。淳于髡解释道：'我在不同场合、不同情况下，酒量是不一样的。所以我得出一个结论——喝酒超过量，就会因醉乱礼节；如果快乐超过量，就会发生悲伤的事情。'齐威王明白了，做事超过一定限度，就会走向反面，于是齐威王接受了淳于髡的劝告，从此再未彻夜饮酒作乐。"

大家听完这个典故，不仅对淳于髡心生崇敬，也对深谙中国历史的戈特弗里德·莱布尼茨老师心服口服。

戈特弗里德·莱布尼茨老师接着说："一味地乐观，会让我们的理智被蒙蔽，让我们看不到接下来会发生的危险。在我们的生活中，这样的例子也比比皆是。"

张萌点点头。自己在律师事务所的时候，经常听前辈说这样一句话："我们是不是乐观过头了？"这个问题似乎有些奇怪，张萌也怀疑过，乐观一向被看成通往成功的关键因素，怎么会有过头一说呢？如今听了戈特弗里德·莱布尼茨老师一番话，才明白过分的乐观，容易让我们渐渐远离现实。

戈特弗里德·莱布尼茨老师说道："逻辑思维会告诉各位，保持恰当的乐观，看到前方的光明，但不要过分乐观，让自己对即将到来的问题进行错误估计，酿成大错。"（见图8-4）

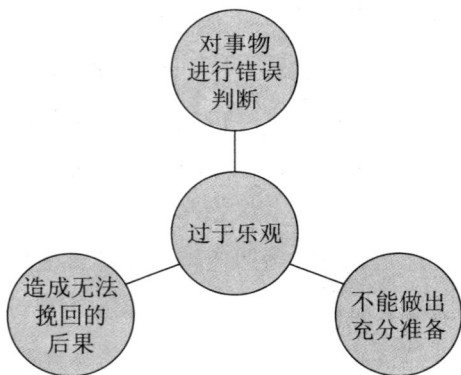

图8-4　过于乐观

一个梳马尾辫的女生举手示意道："戈特弗里德·莱布尼茨老师，如果太乐观，会造成什么样的后果呢？古人的事例太遥远，您能给我们举一个贴近生活的案例吗？"

戈特弗里德·莱布尼茨老师笑着回应道："当然可以。请问你平时喜欢旅游吗？"

女生点点头，说很喜欢。戈特弗里德·莱布尼茨老师拿旅游作例子，说道："比如说，你去非洲旅游，在大草原上走到一半，突然发现车子没油了。周围是对你虎视眈眈的狮群，你会选择什么方案？"

女生犹豫了一会儿，说："我会选择在原地等待救援。"

戈特弗里德·莱布尼茨老师笑着说："你很理智，这就说明你不会有盲目乐观的趋势。如果是盲目乐观的人，可能会忽略油表，以为油表坏掉了，其实车子还有油，然后反复发动车子；或者跳下车选择步行。盲目乐观的人会认为，狮子可能是吃饱了，或者会无视自己，自己不会发生危险。"

女生恍然大悟，看来盲目乐观的确是要不得的。

戈特弗里德·莱布尼茨老师接着说道："我有一个小时候的玩伴，他是虔诚的基督教徒。他是一个很乐观的人，我们都认为没有什么困难能打倒他。然而，一场大病袭击了他，这时候，他的乐观却害了他。我们让他去看医生，他却觉得自己不会这么早死亡，于是只日夜祷告，拒绝去医院。结果他信赖的上帝也没有给他更多的时间。"

戈特弗里德·莱布尼茨老师在胸前画了个十字，继续说道："我是一个逻辑学家，逻辑思维让我时刻记着'度'，过刚易折也是这个道理。纽约大学的心理学教授也致力于这样的问题：凡事都往好处想，真的更容易成功吗？于是他做了一个实验，但是实验结果却显示：过分乐观的思考，经常会妨碍我们，让我们更难实现目标。"

一个微胖的女生举手示意道："没错，戈特弗里德·莱布尼茨老师，我经常幻想自己减肥成功的样子，但这却让我控制不住自己的食欲，导致减肥失败。"

戈特弗里德·莱布尼茨老师点点头，说道："是啊，每一个研究中都指向同样清晰的结果：所有那些抱着乐观的幻想、认为可以顺利达成目标的人，他们的这种乐观对成功并无帮助，反而妨碍了梦想的实现。这也要求我们锻炼自己的逻辑思维，切忌盲目乐观。"

第三节　逻辑高手在论证，而你在争吵

戈特弗里德·莱布尼茨老师话音刚落，一个男生和一个女生便小声争论起来。张萌有些不满地看着他们，周围的学生也露出无奈的表情。戈特弗里德·莱布尼茨老师却没有因为二人的失礼而生气，反而饶有兴味地问道："你们在讨论什么，能不能让我们也听听？"

女生有些不好意思地说道："对不起，戈特弗里德·莱布尼茨老师。我不是有意的，只是他说话实在叫人生气，我才忍不住跟他论证一番。"

戈特弗里德·莱布尼茨老师温和地问道："那么，你们究竟在论证什么呢？"

男生开口道："是这样的，我们本来打算上完您的课后，去医院看病。但是，她却坚决不去看中医，说中医是伪科学，我才忍不住论证了两句。"

女生听了不服气地说："中医当然是伪科学，我不是早告诉你了吗？现在还有人信中医，是不是傻？"

男生无奈地说："你倒是给我举个例子啊，中医怎么就是伪科学了？现在不都讲究中医养生吗？"

女生一副不愿理论的样子，说道："中医就是伪科学，你爱

120

信不信。"

男生看着戈特弗里德·莱布尼茨老师,神色颇为无奈。

戈特弗里德·莱布尼茨老师安静地听了片刻,不由得笑出声来:"你们两个刚才的对话,可不能算是论证啊,只能说是争吵。要知道,逻辑学上的论证是要求很强的逻辑性的,而你们刚才争吵的内容,大部分都是情绪控制。"

男生和女生闻言后都不说话了,戈特弗里德·莱布尼茨老师笑着说:"好吧,我就给各位讲讲吧。为什么大家经常与人争辩,却得不出什么建设性的结果呢?原因就在于,各位的交流不是在论证,而是在争吵。托马斯·刘易斯说过:'辩论是真正安静而多思的对话。'这就意味着辩论的过程需要不偏离原本的话题,有健康的交互的思考过程,只有这样才能得出有益的结论和灵感。"（见图8-5）

> 辩论的过程需要不偏离原本的话题,有健康的交互的思考过程。

图8-5　辩论

女生一脸若有所思,然后说道:"戈特弗里德·莱布尼茨老师,按您这么讲,我只能用写信或者发信息的方式和他交流了。因为我只要面对面交谈,就控制不住自己的情绪。"

戈特弗里德·莱布尼茨老师笑着说:"能知道自己容易被情绪左右,也证明了你还是有逻辑思维能力的。其实,意见不合的解决办法不外乎两点。第一,认识到自己不一定是正确的,然后对对方的见解采取一种包容、学习的态度；第二，觉得自己一定是正确的，于是通过各种实践结果告知对方。如此一来，双方都能从中学习、感悟到一些东西。"

张萌点点头，不由得脱口而出："逻辑论证是求真，而不是求胜；争论的目的则是求胜，不是求真。因为争论的根源是从指责开始的，所谓指责，就是绝对不容许异端意见的存在。"

戈特弗里德·莱布尼茨老师赞许地对张萌点点头："这位同学的逻辑思维很强嘛。没错，在我们逻辑学中有一个法则叫'锤子法则'，这个'锤子法则'在管理学上同样适用。是说如果把锤子放在孩子手里，那孩子肯定会用锤子把周围东西敲打个遍。孩子不是木匠，也不是钣金工人，他不会使用锤子，但人都是这样，有了锤子，就想到处试试，验证一下锤子的功效。"

学生们都点点头，表示同意戈特弗里德·莱布尼茨老师的说法，但是大家不知道他想表达什么意思。

戈特弗里德·莱布尼茨老师接着说："孩子会选择不顺眼的东西来验证锤子的功效，对不合心意的、不了解的东西，就会抡起锤子来。在这里，锤子的功效就发生了扭曲。在这些人眼里，判断是非的标准就成了自己。他们把自己不知道的事物统统归结到'应该敲打'的地步，锤子就代替了真理，成了判断是非的标准。"（见图8-6）

大家都恍然大悟，戈特弗里德·莱布尼茨

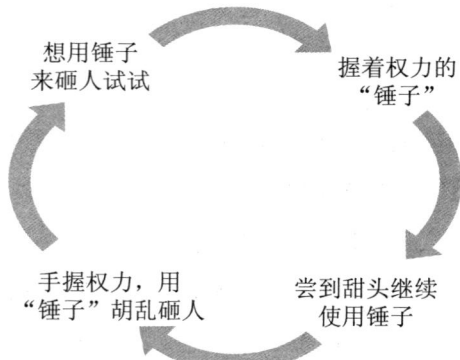

图8-6　循环

老师接着说道："至于中医科学与否的问题，其实在 20 世纪就有了这样的争论。尤其是西方科学传进中国后，对中医的质疑之声就从来没有停止过。在人类进入 21 世纪后，一把锤子又砸向了中医，引起一场大论战。"

"那么，戈特弗里德•莱布尼茨老师，中医到底科不科学呢？"一个性急的男生问道。

戈特弗里德•莱布尼茨老师笑着说道："对于中医到底科不科学的问题，我现在不做回答。但是引发中医论战的原因我却可以用逻辑思维告诉你。解释只有两个：第一个，就是上面所说，锤子落到了不会使用的人手中，他不喜欢中医，认为中医是不科学的，所以掀起了中医不科学的舆论；第二个，就是因为虚荣心，因为表现欲膨胀，这种人甚至不明白中医的含义，只想表现自己，或者为了出名瞎嚷嚷。"

男生点点头，表示自己明白了。

戈特弗里德•莱布尼茨老师接着说道："争论和论证的区别，各位想必已经清楚了。在现实生活中，总有些问题会引发我们的辩论点。例如，诸神到底存在与否，外星人究竟存在与否，各位的理性经验和感性经验等，都是可以辩论的点。但是，各位要知道，这些辩论或者争论是不会有结果的。因为我们并没有真正认识完这些东西，所以关于这些的逻辑论证也是不存在的。引发各位争论的，只是各自的情绪罢了。"

学生们都心悦诚服地点了点头。戈特弗里德•莱布尼茨老师接着说道："我不否认，你能在有些争论中得到结果，但有时候，你得到的结果也许只是对方不想再继续争辩的敷衍之词，这就需要我们用逻辑思维分辨真诚背后的另一面。"

第四节　真诚的另一面

　　戈特弗里德·莱布尼茨老师此言一出，刚才争论的女生便大为感慨道："戈特弗里德·莱布尼茨老师，您说得太正确了。我俩每次争论，他最后都要加一句'算你赢了行不行？'这句话真是让我特别生气。"

　　戈特弗里德·莱布尼茨老师笑着说："这句话好像很容易让对方生气。其实，你生气是因为你的逻辑思维告诉你，他这句话只是在敷衍你，一点儿都不真诚。你赢了并不是你辩论赢的，只是因为他不愿意跟你计较，是吗？"

　　女生狠狠地点点头，说道："没错，虽然我争论的目的是想赢，但是他这种不真诚的态度让我很生气，让我更想跟他争论下去，最后就会变成是我在无理取闹。"

　　戈特弗里德·莱布尼茨老师笑着说："其实，他的口气只是有些怨怼，我的本意，是想让各位运用逻辑思维，学会辨别真诚背后的虚假。"

　　张萌说道："您的意思，是让我们透过现象看本质吧？"

　　戈特弗里德·莱布尼茨老师赞许道："不错，正是如此。在逻辑学中，从对方的语言、口气和表情方面，解析出对方的真实想法是十分必要的。当各位在看待问题时，能够抓住这个事件背后的'根本运作逻辑'，就能理解它真正的前因后果，才不会被这个事件无关紧要的表象，以及你对它的感情偏见影响了判断。"

戈特弗里德·莱布尼茨老师继续说道："学会看清真诚背后的另一面，是一种非常重要的思维方式。有了这种思维方式，你才不会在无效的事情上浪费时间，你才会准确地抓住对方想表达的重点，而不是一直做在现实问题上毫无解决办法的人。"（见图8-7）

> 学会看清真诚背后的另一面，是一种非常重要的思维方式。

图8-7　真诚背后

一位女同学举手示意道："戈特弗里德·莱布尼茨老师，我们应该怎样判断别人真诚背后的东西呢？我就很容易被骗，谈过三次恋爱，每次都以被骗收场。"

戈特弗里德·莱布尼茨老师对这位女生表示了自己的同情，然后说道："其实，判断对方是否真诚很容易。我会通过逻辑思维方面，给各位介绍两个方法。第一个方法就是你们中国的古话：日久见人心。时间会告诉你对方是否真诚。第二个方法是从细节入手。一个人的习惯是不容易改掉的。"

这位女生有些不解地问："您能说得具体一点吗？"

戈特弗里德·莱布尼茨老师笑着说："当然。恋爱中的女生，眼里的世界总会多些色彩，也会因此忽略很多问题。例如，一个男生总是对你甜言蜜语、海誓山盟，却不肯在你生病的时候专门跑一趟给你送药。此时，旁观者会看出男生的不可靠，而恋爱中的女生却会为男生的行为找出各种借口，从而忽视他的不可靠。"（见图8-8）

图 8-8　真诚与否

　　女生有些恍然大悟道："您是说，我应该用旁观者的立场谈恋爱吗？"

　　戈特弗里德·莱布尼茨老师摇了摇头："并不是，我只是想让各位无论何时，都不要被表象蒙蔽住自己的逻辑思维。要知道，真诚与否，不是两句甜言蜜语就能看清的。"

　　女生若有所思地点点头。戈特弗里德·莱布尼茨老师接着说道："其实，我们在与人交流的时候，经常会用到很多套路。例如，'见人说人话，见鬼说鬼话'。当你与人接触时，总会通过你能看到的信息做出简单的判断。例如，从对方的行业、职业、职务、喜好等作为切入点，开始进行顺畅的聊天。从你一眼能够看到的东西，往你一眼看不到的东西去聊，这是聊天的基本规律。"

　　大家频频点头，确实，在与人交往的过程中，总会有这样那样的原因，来做出一副平易近人好相处的样子来。

　　戈特弗里德·莱布尼茨老师清了清嗓子，接着说："然而，你说得再多，做得再多，如果不是出于本心的真诚，是注定装不了一辈子的。因为你若说了一个谎，就需要编制更多的谎来圆。如果不是出于本意的真诚，就像一张编制的网，你总会回头思忖才能勉强理清走过的路。这也是为什么谎言经不起时间考验的原因。"

学生们纷纷点头，表示明白。

戈特弗里德·莱布尼茨老师接着说道："很多人兜了一圈才终于知道，原来，只要是谎言，不管是多完美的套路，不管伪装得多么真诚，最终都会被打败。其实，真诚才是世界上最深的套路。因为只有真正的真诚，才能经得起逻辑思维的考验和推敲。"（见图 8-9）

大家不由自主地为戈特弗里德·莱布尼茨老师的话鼓起掌来，掌声久久不能平息。戈特弗里德·莱布尼茨老师就在这热烈的掌声中，缓缓地走下了讲台。

只要是谎言，不管是多完美的套路，不管伪装得多么真诚，最终都会被打败。

图 8-9　谎言

第九章

杰文斯导师主讲"数与量之间的逻辑"

本章通过四个小节，详细介绍"数"与"量"之间的逻辑思维。本章的导师威廉姆·杰文斯，其长处就在于开创性的思考，通过作者幽默风趣的语言，能让读者很容易地理解公开含义和隐藏含义，能宏观揽全局，微观见细节。威廉姆·杰文斯的长处，就是能利用图形来处理抽象的逻辑学概念，因而本章的配图也十分有趣易懂。本章适用于逻辑思维能力较弱的读者，并能帮助这部分读者显著提高其逻辑思维能力。

威廉姆·斯坦利·杰文斯（William Stanley Jevons，

1835—1882），生于利物浦，英国著名的经济学家和逻辑学家。1864年他出版了一本书，名字是《纯逻辑，或数与量之间的逻辑》，其基础是乔治·布尔的逻辑体系。随后几年他致力于研究逻辑机器，正是该研究，让他知道给定逻辑前提，可以用机械模拟出来。

他随后发表的《逻辑学初级教程》很快成为英语世界里最为流行的逻辑学基础教科书。那时他还写了很多逻辑学论文，这些论文于1874年以《科学原理》为书名发表，在这部书中，他对早期的纯逻辑和同类替代做了具体的表述，还发展了归纳是演绎的简单反转的观点。

威廉姆·杰文斯的长处在于开创性的思考，而不是批判；他以一个勤勉的逻辑学家、经济学家和统计学家闻名后世。

第一节　公开含义和隐藏含义

今天已经是张萌的第九节课了。前八节课的内容让张萌受益匪浅，她已经被逻辑学深深地吸引了。

上节课，戈特弗里德·莱布尼茨老师给大家带来了一段精彩的时光，也让张萌深刻了解了逻辑思维有多重要，今天又会是哪位导师带来精彩一课呢？

怀着这样的心情，张萌坐到了座位上。

"各位下午好！"一个洪亮的声音打破了安静的课堂。张萌循声往讲台上看去，只见一个穿着棕褐色西装，发际线很高的中年人正微笑着做着自我介绍。

张萌看着他，突然脱口而出道："您是威廉姆·斯坦利·杰文斯！"

威廉姆·杰文斯老师愉快地笑了："没想到我会被认出来，我真是太高兴了。"

一个西装革履的男士有些迫不及待地说："我也认识您，但我是在经济学方面认识您的啊，您应该是位经济学家吧？我最近对经济学很感兴趣，您能大概讲讲吗？"

威廉姆·杰文斯老师神秘地笑了笑："我在逻辑学方面的地位，可不比经济学低哦！至于经济学方面的内容，有机会我会给大家讲解的。"

这位西装男有些不依不饶："有机会是什么时候？今天吗？"

威廉姆·杰文斯老师看着穷追猛打的学生，有些无奈地笑了："你要读懂我这句话的隐藏含义呀，我这么说只是在委婉拒绝。"

西装男恍然大悟地挠挠头，赶紧给威廉姆·杰文斯老师道歉："实在对不起，我这个人平时就听不懂别人的画外音，这也是让我很苦恼的一件事。"

威廉姆·杰文斯老师摆摆手，示意男生坐下，然后说道："我很理解，在座的大部分人可能都和这位男同学一样，有这方面的苦恼。其实，这只是各位的逻辑思维还不够，所以不能读懂别人话中的隐藏含义。"

张萌问道："您说的隐藏含义，就是我们常说的言外之意吧？其实，中国人很讲究言外之意的。"

威廉姆·杰文斯老师说道："是呀，正是如此。言外之意，其实就是指话里暗含的、没有直接说出的意思。国外也有很多事例……这些话语之下隐藏的含义，往往是一个人智慧的体现。我来给各位讲个故事吧。"

大家一听有故事，纷纷竖起了耳朵仔细倾听。

威廉姆·杰文斯老师笑着说道："各位都知道著名画家门采尔吧？一天，一位不知名的画家去拜访门采尔。这位画家一进门就对门采尔诉苦道：'为什么我画一幅画只需要一天工夫，而卖掉它却要等上整整一年呢？'门采尔很认真地说：'那你为什么不倒过来试试呢？'各位，问题来了，门采尔想表达的言外之意是什么呢？"（见图9-1）

张萌略一思索，答道："门采尔的意思是，让画家用一年的时间画画，如此一来，只用一天的时间就能把画卖掉。也就是说，画家之所以卖不掉画，是因为在画上花费的时间太少，只有用心下苦功去画，画才会获得人们的认可。"

131

第九章　杰文斯导师主讲「数与量之间的逻辑」

图 9-1 卖画

威廉姆·杰文斯老师对张萌报以微笑："连门采尔自己也不能说得更好了。中国有句老话，叫'醉翁之意不在酒'，说的就是这个意思。我们与人交谈的过程，其实也是一个思考的过程。要运用逻辑思维，结合具体情境，准确分析对方的谈话内容，同时要注意对方的身份和心情等，只有这样才能准确抓住对方的言外之意。"（见图 9-2）

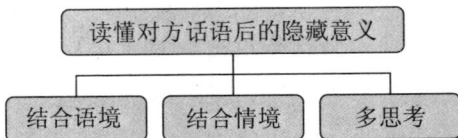

图 9-2 隐藏含义

一个男生摇头道："这也太麻烦了吧！有什么话直接说不好吗？为什么非要拐弯抹角的，让人去猜呢？"

威廉姆·杰文斯老师摇头道："有时候，身份和当时的背景让你没有办法直接表达出内心的想法。例如，钢琴之王李斯特，他就面临着这样的情况。"

大家一听又有故事，不由得坐直了身体。

威廉姆·杰文斯老师接着讲道："李斯特受邀到克里姆林宫演奏。当演奏开始的时候，沙皇还在跟别人说话，李斯特觉得沙皇不尊重自己，于是停止了演奏。沙皇问他：'你为什么不继续演奏了？'李斯特却欠了欠身子，说道：'陛下在说话，我理当倾听。'"

大家都为李斯特的智慧拍案叫绝。

威廉姆·杰文斯老师说道："试想，如果李斯特直接告诉沙皇：'你不尊重我，我不想给你演奏了。'会造成什么样的后果？说不定会引来杀身之祸。这时候，运用逻辑思维巧妙应对，达到自己想要的目的，这才是聪明的做法。"

男生点头表示赞同："是啊，李斯特的言外之意，是'您不注意听我演奏，还说话，这是对我的不尊重，我演奏的时候您应该倾听'，但说出来却变成了自己需要倾听，这的确是很有智慧的应对方法。"

威廉姆·杰文斯老师说道："不错，就说牛顿吧，大家都知道被苹果砸到头了很痛，也都知道苹果很好吃，但却没有人能发现万有引力定律。因为我们的逻辑思维还不够，没有产生二次解读和联想。古代人看到自己生活的土地是四方的，而太阳却是东升西落，从而产生了'天圆地方'的假说。直到哥伦布环海旅行后，人们才意识到地球是圆的。因此，逻辑思维才是我们最应该培养的能力。"

大家都心悦诚服地点点头，看来逻辑思维的确很重要啊。

威廉姆·杰文斯老师笑着说："透过生活中的种种表现，认识其本质，这能够令我们更清晰、明智地认知世界，也能让我们嗅到隐含信息中的危险（见图9-3）。且听我慢慢道来——"

透过生活中的种种表现，认识其本质，这能够令我们更清晰、明智地认知世界。

图 9-3　认识世界

第二节　嗅到隐含信息中的危险

威廉姆·杰文斯老师此言一出，大家都陷入了思考：隐含信息有什么危险的呢？

"记得我去火车站候车时，经常会遇到一个卖咖啡的服务生，"威廉姆·杰文斯老师微笑地回忆道，"她总是礼貌地问我，需不需要在候车的时候来一杯咖啡。我也会礼貌地回复她，不需要。后来，来了一位更漂亮礼貌的服务员。"

大家一听漂亮，都发出坏笑声。威廉姆·杰文斯老师却一本正经地说道："她总会礼貌地问我：'您需要咖啡还是牛奶？'我都会犹豫一下，然后选择一杯我更喜欢的饮品。然后，那个月，我的生活预算超支了。"

大家都爆发出笑声，这个新来的服务员真会做生意啊。第一个服务员给出的选项是"需要"和"不需要"，百分之八十的人都会选择不需要；第二个服务员压根就没有给出"不需要"的选项，而客人往往会在两件消费品中选择一件自己更能接受的。

一个穿着正装的年轻人一拍手，说道："这真是个好方法，我是做销售的，但是业绩总提升不上去，原来还有这种套路啊！"

威廉姆·杰文斯老师说道："其实，利润不是销售出来的，而是谈判出来的。例如，当客户对你提出要求的时候，你应该用逻辑思维快速反应，然后组织语言。例如，客户会经常让你给些折扣或便宜一点，这时候，你如果直接拒绝，就可能会失去这个客户。"

穿正装的年轻人频频点头："您说得太对了，那我应该怎么应对呢？"

威廉姆·杰文斯老师说道："你可以微笑地对他说：'可以呀，您帮我介绍个有效客户，我从自己的佣金中扣除一部分做您的优惠，介绍得越多，便宜得越多。'如此一来，问题就从你这里转移到客户那里，如果他不能给你介绍有效客户，你也就不用给他优惠了。"

大家都笑了，张萌也在心里暗想：以后与人交谈，一定要多留个心眼，可不能被人家绕进圈子里。

一个脸上带着抓痕的男生闻言也开了口："威廉姆·杰文斯老师，您说得太对了，我就注意不到我女朋友的隐含信息，读不懂她的内心，所以经常遇到危险。这有什么好办法吗？"

很多女生都露出了窃笑的表情，男生们则伸长了脖子认真听起来。

威廉姆·杰文斯老师笑着说："女性的想法总是让男性无法捉摸，所以才有了'女人心，海底针'这样的说法。以前也有很多人问我，女性到底在想什么？其实我也不知道女性脑子里想的是什么，因为每个人的想法都是瞬息万变的，而且女性的思维更偏向感性。"

"那您也没有办法吗？"男生有些失望地说道。

威廉姆·杰文斯老师神秘一笑，说道："确实，女性的隐藏想法也可能很危险。因为男性思维偏于理性和整体，而女性思维偏向感性和细节，女性思维明显更情绪化。而且男性的表达是直线型的，而女性则是多线型，男性经常跟不上女性的思维，这也是男女吵架的根源。但是，我们却能从对方的语气和语言中解读出隐藏含义。"

很多男生都迫不及待地说："威廉姆·杰文斯老师，您快给我们讲讲吧，女生有时候也是很危险的啊。"

张萌听完直撇嘴，其实女生还是很好懂的啊。果然，威廉姆·杰文斯老师开口道："比如你跟你的女朋友吵架了，女朋友用很生气的口气对你说：'我没有生气！'如果你相信了她的话，不去哄她，那你就太傻了。"（见图9-4）

图9-4　没有生气

男生们都点了点头，一个戴眼镜的男生说道："这种情况我能分辨出来，但如果女朋友很平静的跟我说话，我又该怎么分辨她是否生气了呢？"

"没有口气，还有行为和语言呀，"威廉姆·杰文斯老师说道，"比如行为吧，你女朋友说不想跟你约会，但时间到了，她却准时出现在约会地点，就证明她是想跟你约会的啊。再有，如果你的女朋友说'我犯得着生气吗'，那她百分之九十是生气了。"（见图9-5）

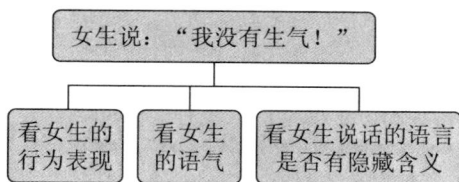

图 9-5 背后的含义

男生们仔细琢磨了一下，确实是这个道理。威廉姆·杰文斯老师调皮一笑："女性的心变化多端，让人捉摸不透，使大多数男性追求者无从下手、错失良机、半途而废、无功而返、功亏一篑。但如果你的逻辑思维够强，你就能抱得美人归。"

大家都发出了会心的笑声，威廉姆·杰文斯老师说道："中国有句俗语，我觉得十分适合逻辑学——莫看江面平如镜，要看水底万丈深。这句话的意思是，我们在看问题的时候不能被表象所迷惑，要透过现象看到事物的本质，这样才能解决问题或者避开危险。"

学生们都点了点头，威廉姆·杰文斯老师接着说："再如，一个被犯罪组织控制的女子，给家里打电话报平安的时候，对丈夫说：'别忘了把我最喜欢的红色衣服拿去干洗。'丈夫立即理解了妻子话里的含义，因为妻子最讨厌颜色鲜艳的衣服，尤其是红色，所以家里根本没有红色衣服，丈夫判断妻子被人挟持了，于是报警，成功地救出了自己的妻子。"

张萌不由暗自为这位男子点赞，如果男子缺少逻辑思维，或者根本不把妻子的话放在心上，随口敷衍妻子一句，那妻子的处境就会格外危险了。

威廉姆·杰文斯老师仿佛看出大家的心思一般，笑着说道："做事考虑周全，思考话里的隐藏含义是一种很好的习惯。所以，各位也知道逻辑思维的厉害之处了吧？读懂隐含信息中的危险，真的很重要。"

第三节　周全逻辑带来英明决策

威廉姆·杰文斯老师说道："刚才我已经给各位说了，做事考虑周全，是一种很好的习惯。在逻辑学中，周全逻辑就是一个很好的例证。"

张萌开口问道："威廉姆·杰文斯老师，周全逻辑就是做事要考虑全面吗？"

威廉姆·杰文斯老师微笑着表示肯定，然后补充道："做事考虑全面，这是一种实实在在的好习惯。中国人常说，三思而后行，就是这个道理了。聪明人做事之前，会考虑到接下来的一步或两步以上，如此一来，他们就比别人多做了准备，面对问题的时候也就更从容。"

一个男生说道："周全逻辑是一种天赋吧？可以后天培

养吗？"

威廉姆·杰文斯老师笑着说："当然可以，逻辑学方面的能力都是可以通过切实的行为来掌握和培养的。换句话说，周全逻辑实际上就是一种称为 WOOP 的套路。这种套路不但能让你考虑周全，还能提升你的心理动力，帮助你完成可行的目标。"（见图 9-6）

图 9-6　WOOP 套路

学生们不由得面面相觑，什么是 WOOP 套路啊？

威廉姆·杰文斯老师也不再卖关子，而是微笑地开了口："WOOP 其实是美国一对夫妻联手发明的，WOOP 是四个字母的英文缩写，我们先看 W。W 是 Wish，中文意思为愿望。也就是说，强烈的渴望是非常重要的。比如对考证的同学，'这四门科目中，我至少要通过三科！'这样的愿望是很重要的。"

张萌点点头，确实，强烈的渴望会让人加倍努力，那 O 代表什么意思呢？

威廉姆·杰文斯老师继续说道："第一个 O，是 Outcome 的缩写，中文意思为最佳结果。在这里，周全逻辑要求各位用天马行空的想象，幻想目标达成后的美好画面。当然，不是让各位沉浸在这种想象里不可自拔，而是让各位与现在的状况进行对比。处境和现在有何不同？别人会如何看待你？这件事成功后，你会收获哪些不敢想的好处？这样，你就会更有行动力，也会在接下来的奋斗过程中更拼尽全力。"

一个男生迫不及待地问："那第二个 O 呢？"

威廉姆·杰文斯老师笑着说："第二个 O，是 Obstacle 的首字母，中文意思为关键障碍。这里同样要求各位运用天马行空的想象来预想自己在做事时会遇到哪些障碍。例如，最关键的障碍是什么？造成这种障碍的原因是什么？原因背后又是什么？这些都能追溯到很深的地方，也会对你大有助益。"

最前排的一位女生听得有些云山雾罩，于是开口问道："威廉姆·杰文斯老师，您能给我们举个例子吗？"

威廉姆·杰文斯老师笑着点头应允："当然可以。例如，你在准备考试过程中，你想到自己的关键障碍是不可能把全书内容学完。究其原因，就是你的学习效率不高，进展慢。然后，你进一步想象，进一步深究，你学习效率不高的原因是什么呢？就是你没有一个良好的学习环境，你经常窝在家里看电视剧。于是你选择去图书馆备考，最后学完了全书内容，顺利地通过了考试。"

最前排的女生心悦诚服地点点头，表示自己听明白了。

威廉姆·杰文斯老师继续说道："如果你没有用到周全逻辑，你可能在考试失败后才会总结教训，但意识不到是在家学习太安逸，意识不到是电视剧影响了你。你可能偶然得知，通过考试的某个学霸的父母是中科院的研究员，于是你得出这样的结果：谁让咱跟学霸不一样呢，谁让咱没有当中科院研究员的父母，没有这个遗传基因呢。总之，意识不到自己失败的原因究竟是什么，下次备考也同样会失利。"

张萌用力点点头，然后问道："那最后的 P 代表什么呢？"

威廉姆·杰文斯老师微笑着说："这个 P，大家应该很熟悉，就是 Plan 的缩写，中文意思是计划。制订计划表是一个良好的习惯，想必很多人也都有制订计划的习惯。例如，什么时候该做什么事，在某个日期之前做完手头的工作；或者当问题出现的时候，制订什么计划可以预防它等。"

一个大大咧咧的男生说道："威廉姆·杰文斯老师，我就是个很随性的人，计划到底应该如何制订啊？"

威廉姆·杰文斯老师想了想，说道："还是拿刚才备考的例子吧。当你进行到第二个 O 的时候，会发现自己关键障碍的解决方法是去图书馆学习。但你平时经常加班，根本没时间复习，而且图书馆离你家很远，你该怎么办呢？于是你制订了计划——休息日和不必加班的时候不睡懒觉，带着早饭，坐地铁去图书馆，吃一点东西后开始复习。这样一来，你的计划就解决了你的关键障碍。"

一个男生说道："我记得戈特弗里德·莱布尼茨老师说过，幻想会让人意志软弱，不利于达成目的。"

威廉姆·杰文斯老师笑眯眯地说："不错，你很注意听讲，我很欣慰。但是，戈特弗里德·莱布尼茨老师应该也说过，凡事要有个'度'。你在做事时，用 WOOP 的顺序思考一遍，切记要思考完整。因为你说的情况，往往是思考到第一个 O 的时候就停下了，因为人们在幻想美好画面后，往往不愿继续思考关键障碍。如果在这里停下了，不但不会有效，反而会像你说得那样，降低行动力。"

"那我们应该怎么做呢？"

"你可以先做一番目标达成的乐观幻想，然后立刻思考可能碰到的障碍，这样既不会浪费你的精力，也能尽快让你走上可行目标的路子，同时也避免我们掉进单纯乐观幻想的误区，让大脑误以为目标已经达成，从而导致在可行的任务上，动力被提前释放掉。"威廉姆·杰文斯老师认真地做了回答。

一个女生说道："威廉姆·杰文斯老师，您刚才说，男生更偏向整体，女生更偏向细节，是说男生比女生的周全逻辑更强吗？"

威廉姆·杰文斯老师摇了摇头："当然不是，周全逻辑是能者居之，只要你按照WOOP的套路走，就能获得强大的周全逻辑。不过既然你说到了，我就给各位详细讲解一下，在面对事物时，应当如何宏观揽全局，微观看细节——"

第四节　宏观揽全局，微观看细节

威廉姆·杰文斯老师此言一出，学生们立马竖起了耳朵，想必大家都吃过这样的亏——要么是不注重宏观，对全局的掌控不够；要么是不注重细节，关键时刻掉链子。

威廉姆·杰文斯老师笑着说道："在讲解之前，我先给各位说一下宏观和微观的含义。宏观毫无疑问，指的就是长远的、大的方面；而微观则是更细致的方面，是一些小细节。人们在观察和思考问题时，都会从宏观和微观两个角度来看。宏观即从总体上看，微观是从细节上看。宏观看全局，微观看数据；宏观看趋势，微观看事件。"

一个打扮得很时尚的女生捂住脸，说道："威廉姆·杰文斯老师，您都把我说晕了。咱还是用例子说话吧！"

威廉姆·杰文斯老师也笑了："好，那我就给各位举个例子吧。就拿中西方来举例，中国人偏向宏观，而西方人偏向微观；中国人更偏重规划，而西方人则讲究实际；中国人重视集体，而西方人则注重个人主义；中国人讲求宏观调控，而西方人讲求私有化；中国人讲究'为国争光''为社会奉献''为人民服务'，而西方人提倡'个人奋斗''个体幸福'。"

女生想了想，还是不太明白。

威廉姆·杰文斯老师顿了顿，很详细地讲解道："就拿中国的'一带一路'来说吧，这就是一种宏观行为。中国倡导和平合作、互利共赢、世界大同；而西方则不同，西方更讲究'超级英雄'，希望唯我独尊，独霸世界。"

女生点点头表示明白了，威廉姆·杰文斯老师继续讲道："在观察和思考问题的过程中，我个人更倾向于从宏观方面考虑。因为立足整体，用战略眼光纵览全局，才能抓住主要矛盾。当然，我并不是说微观不重要，因为在抓住主要矛盾后，解决具体问题时，还需要从微观入手，用战术手段从细节方面真抓实干，这样才能顺利解决问题。"

一位女同学推了推鼻梁上的眼镜，严肃地说："我认为还是宏观更重要，只要稳住大局，一些枝叶末节大可不必处处留意。"

威廉姆·杰文斯老师摇摇头："我亲爱的学生，你难道没听过一句古话，叫'千里之堤，毁于蚁穴'吗？与宏观相比，微观似乎更不足道一点，但往往是这些不足道，才更容易决定大局的发展。细节决定成败，这句话可不是说说而已。"

威廉姆·杰文斯老师微笑着说道："随着经济的发展，专业化程度也越来越高，这就要求人们做事更认真精细。然而有很多'差不多'先生，认为枝叶末节不是很重要，于是大大咧咧，马马虎虎，造成很多不可挽回的后果。"

戴眼镜的女同学有些不以为然道："您能举个具体的例子吗？"

威廉姆·杰文斯老师彬彬有礼道："当然可以，我记得中国在前几年发射澳星失败了吧？具体原因就是细节问题：配电器上多了一块 0.15 毫米的铝物质，正是这微不足道的铝物质，导致了那场澳星爆炸。正所谓'失之毫厘，差之千里'。要想保证一个由无数零件组成的机器能够正常运作，就必须通过各类技术标准和管理标准，忽视任何一个细节，都可能导致无法挽回的灾难。"

女同学心服口服地表示同意。一位男生也举起手示意道："那我们应该如何宏观纵览全局，微观抓住细节呢？"

威廉姆·杰文斯老师说道："这就要看各位的逻辑思维能力了。各位应该都知道，逻辑思维是人们在认识事物的过程中，借助概念、判断和推理等思维形式，能动地反映客观现实的理性过程。因此，每个人的思维都有自己独到的地方。有的人逻辑思维相对弱一些，因此难以理解，或经常理解错别人的意思。所以，提高自己的逻辑思维很重要。"

那位男同学点点头，说道："道理我都懂，但是我们应该如何提高逻辑思维呢？有没有行之有效的方法？"

威廉姆·杰文斯老师点点头，说道："之前的老师也给各位介绍了提高逻辑思维能力的方法吧？其实，每个人提高逻辑思维能力的方法都不一样，对于本人来说，数学是我培养逻辑思维能力的一大利器。因为逻辑思维最基本的要求，就是抓重点，每句话都会有一个或两个关键词。只要你抓住这些关键词，理解对方的意思就已经事半功倍了。"

"那提高宏观能力呢？"

威廉姆·杰文斯老师笑着说道："讲过的周全逻辑，就是提高宏观能力的好方法啊。万事思虑周全，就能纵览全局，梳理事态发展趋势，让自己始终有所准备。"（见图 9-7）

图 9-7　考虑周全

　　看着奋笔疾书的学生们，威廉姆·杰文斯老师笑眯眯地说："各位，今天的逻辑课程就到此结束了，给各位上课真的很愉快，下次再会。"

　　大家都鼓起掌来，希望用最热烈的掌声送别这位亲切的逻辑学家。

第十章
奥卡姆导师主讲"走在逻辑剃刀的边缘"

　　本章通过四个小节，详细介绍了片面思考的危害，也讲述了逻辑学大师奥卡姆的主要观点，即"剃刀定律"。奥卡姆认为命题中的词项概念就是思想中的事物是唯一真正的现实，而直觉能感觉到的客观事物倒是思想中事物的不完全的反映。作者通过对奥卡姆此言论的解读，用幽默风趣的语言，为读者展开了逻辑学画卷。本章适用于习惯片面思考的读者。

奥卡姆（Ockham，约 1285—1349），英国学者。奥卡姆被称为无敌博士，曾加入方济各会修士会，在牛津大学学习，从 1315—1319 年在牛津任教。他是中世纪最后一批学者之一。

　　奥卡姆一以贯之坚持的是唯名论的个体化原则，奥卡姆反对托马斯·阿奎那所坚持的温和实在论，他认为人的理智所能把握的概念并不是真正的存在，世界上唯一真实存在的是个体，而概念是人类理智对于个别事物之间相似性的一种把握。

第一节　走在片面思考的陡峭之路上

今天，张萌本来心情很好，但上午却发生了一件事，让张萌有些气急败坏。

事情是这样的，张萌托朋友从国外买了一盒昂贵的巧克力，本想下班犒劳一下自己，没想到还没等午休，巧克力就被别人吃掉了。

肯定是事务所的小赵吃掉的，张萌暗想，办公室里的零食，只要没放在抽屉里，小赵总会不经允许私自吃掉。

正想着，有人从后面拍了张萌一下，张萌扭头一看，正是把自己拉到逻辑学课上的那名后辈。

"怎么啦张萌，怎么气鼓鼓的？"

"别提了，咱们事务所的小赵又把我的巧克力吃掉了，这盒巧克力可是我特意代购买的，一小盒要好几百呢。"

"不会吧，"后辈有些惊讶，"小赵上午刚吃了我一盒饼干，你看见他吃你巧克力了吗？"

张萌气呼呼地说："我倒是没亲眼看到，但除了他还有谁？咱们事务所里就他有这个毛病。"

正在这时，一个穿中世纪服装的人从后面走来，同时拍了拍张萌的肩膀："这位同学，你刚才说的话我都听到了哦！这可不好，在没有证据的前提下随便怀疑别人，可是一种片面思考的表现哦！"

张萌正在气头上，于是不情愿地说道："您是哪位啊？"

来人笑眯眯地开了口："自我介绍一下，我是各位今天的逻辑学老师——奥卡姆。"

张萌有些无奈地说："可是，奥卡姆老师，您不知道，这个小赵平时就喜欢私自吃掉别人的东西，这怎么能说我是片面思考呢。再说了，什么是片面思考啊？"

奥卡姆老师笑眯眯地说："片面思考是一个很跳跃的词汇哦，就是你的思维以个人为中心，超越了现实存在的事物。例如，你对隔壁的帅哥说'你是一条泥鳅'，但实际上，你的邻居不是一条泥鳅，但你坚持你的意见，就说他是一条泥鳅，那这就可以说是你的片面思考了。"

张萌还想反驳，奥卡姆老师却没有给她机会，而是问她："你听说过狐狸和葡萄酸的故事吗？"

张萌有些疑惑地说："听过。"

奥卡姆老师笑着说："狐狸走到一个葡萄架下，想方设法地摘葡萄，但是无论如何都够不到。于是，狐狸看着饱满的葡萄说道：'算了，这个葡萄太酸了，不好吃。'这只狐狸只是抓不住葡萄，所以编造了一个能让自己好过一些的借口，聊表安慰。其实你也是这样的心理。你不知道巧克力是被谁拿走的，所以片面判断是小赵拿走的，让你的怒火有一个可以发泄的对象。"

张萌想了一下，无奈地表示赞同奥卡姆老师的说法。

一个男生对张萌笑了一下，然后发出了疑问："奥卡姆老师，片面思考有什么不好吗？既给自己找了一个发泄的对象，又帮助自己确定了一个嫌疑人。"

奥卡姆老师无奈地说："我给各位讲个小故事吧。在很久以前，舍卫城的人都没见过大象。有一天，外邦进贡了一只大象，

全城都骚动了，大家都来看热闹。有五个瞎子也想知道大象到底是什么样子，于是就挤进去，打算用双手鉴别。"（见图 10-1）

图 10-1　摸象

有些听过这个故事的学生已经猜到奥卡姆老师的意思了。

奥卡姆老师说道："第一个瞎子走上前去，用手摸到了大象的肚子，于是说'我知道了，大象长得像堵墙'；第二个瞎子走上前去，用手摸到了大象的耳朵，于是说'我知道了，大象长得像个簸箕'；第三个瞎子走上前去，用手摸到了大象的脚，于是说'我知道了，大象是圆柱形的，像个桶'；第四个瞎子走上前去，用手摸到了大象的尾巴，于是说'我知道了，大象长得跟蛇差不多'；第五个瞎子走上前去，用手摸到了大象的鼻子，于是说'你们说得都不对，大象就是个大钩子！'"（见图 10-2）

图 10-2　盲人摸象

大家都发出了阵阵笑声，奥卡姆老师继续讲道："五个瞎子各执己见，互不相让，谁也没有把大象摸全。智者知道了这件事，就对弟子们说道：'你们瞧，这五个人都没见过大象的真正样子，众生都如瞎子摸象般，偏执一方，堕于边见，所以不能洞悉世事的本来面目。'"

学生们欣然地同意了奥卡姆老师的说法，张萌也表示心悦诚服。

奥卡姆老师对张萌笑了笑，讲道："一个人对事物的判断，主要来自丰富的知识和以往的经验。如果说一个人犯了片面思考的错误，很大原因就在于他对相关知识掌握得不够，因此，思考问题会有局限性，会比较片面。尤其是在经验丰富的前提下，更容易自持经验，在过分自信的状态下走向极端。"

张萌忍不住开口问道："奥卡姆老师，那我应当如何做，才能避免片面思考呢？"

奥卡姆老师笑眯眯地讲道："先实践，再提高，这是最好的方法；与人交往的过程中，做到换位思考，即便小赵真有这些毛病，但如果不是他做的，受到别人冤枉也是一件很痛苦的事；做到多角度思考；凡事留有余地，不要太武断，不要忙着下结论。其实，每个人的人生都是一个自我完善的过程，只要平时稍加注意，就能避开片面思考的深渊。"

（见图 10-3）

每个人的人生都是一个自我完善的过程，只要平时稍加注意，就能避开片面思考的深渊。

图 10-3　片面思考

"您说得简单，但具体做起来，就未必有那么容易了吧？"一个男生对奥卡姆老师发出了质疑之声。

奥卡姆老师笑着说："哪有十分复杂的事情呢？世界上百分之九十的烦恼，都是我们自找的罢了。下面我就给各位讲解一下本人最出名的理论——剃刀定律。"

第二节　何为"剃刀定律"

"剃刀定律？听着好无情啊。"一个女生小声说道。

奥卡姆老师对她报以微笑，然后说道："各位知道吗？我是中世纪的最后一批学者之一。这也说明我对逻辑学还是有所贡献的。当时，处于英国中世纪的我，对那些无休止的'共相''本质'之说厌烦无比。于是著书立说，告诉世人我只承认确实存在的东西，对于那些空洞的东西，我认为应该无情地剔除。因此，我的理论被世人称为'剃刀定律'。"（见图10-4）

一位学经济的同学突然喊道："哦！我想起来了，您主张的'思维经济原则'，概括起来就是'如无必要，勿增实体'，人们为了纪

> 我只承认确实存在的东西，对于那些空洞的东西，我认为应该无情地剔除。

图10-4　自我完善

念您，就把您的这句话称为'奥卡姆剃刀'！"

奥卡姆老师微笑地说："没错，我这把剃刀出鞘后，把几百年间争论不休的神学全都剃秃了，最终让科学和哲学从宗教中彻底分离出来，还引发了始于欧洲的文艺复兴和宗教改革。科学革命，最终使宗教世俗化，形成宗教哲学，完成世界性政教分离，成果表明无神论更为现实。"

大家不由得笑着鼓起掌来，奥卡姆老师无奈地说："但是，当时我的理论被称为'剃刀定律'，实际上是因为这把剃刀让很多人感到了威胁，也一度被教会的人称为异端邪说，我也深受其害。好在，经过数百年，我这把剃刀非但没有变钝，反而越来越锋利。"

一位穿戴考究的年轻人站起来，说道："不错，您的'剃刀理论'不但对经济和逻辑大有助益，还向我们复杂的企业管理发出了挑战。它帮助我指出很多东西都是有害无益的，我们也差点儿被这些复杂的麻烦压垮。事实上，我们的制度和文件越来越膨胀烦琐，但效率却越来越低，这也迫使我们用'奥卡姆剃刀'，采用简单的管理，化繁为简，让复杂的事物变得更容易一些。"

奥卡姆老师微笑着说："我的理论能帮到你，是我的荣幸。恰如你所说，我们为什么要把复杂的东西简单化呢？用逻辑学解释，因为复杂的东西很容易让人迷失，只有简单化的东西才方便人们理解和操作。随着社会和经济的发展，人们发现自己的时间和精力越来越少。因此，我的剃刀理论更能帮助人们划清'重要的事''紧迫的事'和'没必要的事'，化繁为简才意味着对事情的真正掌控。"

穿戴考究的年轻人点点头，说道："其实，简单管理对处在成长时期的中国企业意义非凡，但您的'剃刀定律'却并不容易。要知道，中国自古讲求'无为而治''垂衣拱手而治''治大国如烹小鲜'。其实，这些话说起来容易，做起来，又有几人能像庖丁解牛般游刃有余呢？那些一流的企业家，无一不是抱着异常严谨的态度经营企业。"

年轻人顿了顿，接着说道："那些一流的企业家无不抱着异常谨慎的态度经营企业，如比尔·盖茨'微软离破产只有18个月'的论断、张瑞敏'战战兢兢、如履薄冰'的心态，以及任正非'华为的冬天'等。可见，简单管理作为一种古老而崭新的逻辑思维，蕴涵着深刻的内涵。"

奥卡姆老师笑着说道："我自己都没有想到，你能把我的'剃刀定律'解析得如此详细。其实，在逻辑学领域，我的'剃刀逻辑'只是相对更经济的思维方式。例如，数学和物理学公式就是'剃刀逻辑'的具体表现形式。公式十分经济实用，简单好记，又能被无数次套用。因此，简单的东西总是受到追捧的。"

一位女同学说道："您的'剃刀定律'这么神奇，那干脆只保留几个中心，剩下的都不要就好了。"

奥卡姆老师摇了摇头，说道："你这就犯了'一刀切'的问题了，你不经过实践，怎么知道哪个是你的中心，哪个是你迫切需要的，哪个又是你完全不需要的呢？"

女生抬杠道："您不是说越简单越好吗？既然您的'剃刀定律'百试百灵，那为什么不一劳永逸呢？直接剔除掉不更省事儿吗？"

奥卡姆老师没有因为女生的失礼而生气，而是温和地说："剃刀锋利，稍有不慎就会划破肉。但你必须要用剃刀的原因，是因为你要刮胡子，不是因为你刮胡子的时候永远不会划破肉。

所以,用剃刀要看你的技巧和手法,剃刀只是一个辅助工具罢了。"

女生想了想,不再抬杠,心悦诚服地坐下了。

奥卡姆老师接着说道:"我能看出,你跟我抬杠不是礼貌问题,而是你的习惯问题。在别人发表自己的结论后,你习惯性地反驳别人,我不怪你。"

女生有些不好意思地点点头:"是啊,我是有这个习惯,而且我不知道应该如何改正它。这个习惯就像我的一部分,我根本没意识到它,它就自然而然地脱口而出了。"

奥卡姆老师温和地说:"每个人都有自己的习惯,有的习惯能帮助我们进步,有些习惯则对我们有害。好吧,接下来,我就给各位讲解一下,当习惯成为我们的软肋的时候,我们应当如何去做。"

第三节　当习惯成为我们的软肋

正如奥卡姆老师所说,每个人都有自己的小习惯。于是,当奥卡姆老师说到习惯问题时,学生们都竖起了耳朵,生怕听漏了重要的内容。

奥卡姆老师笑着说:"当习惯变成自然的时候,一切行为都是在无意识中悄然进行的。不管你的习惯是好是坏,它都会影响你的生活。当习惯变成自然,而人又无法战胜自然的时候,我们应该怎么办呢?这是很多人都为之困扰的问题。当习惯成为上瘾的代名词,学会自控甚至改掉习惯,就成了迫在眉睫的事情。"

大家一听"上瘾"这个词，不由得心里一振。是啊，习惯发展到无意识状态，再发展成自己的软肋，可不跟上瘾没什么区别了嘛。就像过失吸毒的人一样，戒毒就相当于让他们置之死地而后生。可以说，戒掉一个习惯可比养成一个习惯更为困难。

奥卡姆老师顿了顿，微笑着说："各位知道如何养成一个习惯吗？"

有些人说："当然是通过时间来养成习惯啊。"

也有人说："多做就能养成习惯。"

奥卡姆老师笑着总结道："没错，时间可以说是习惯的催化剂，而数量则是养成习惯的助推剂，但是，理智是改掉习惯的撒手锏！"

大家听完为之一振，确实，自制力是克服习惯的最好办法，当事情发展到难以控制的地步时，就说明习惯已经反客为主，成为生活中的一大阻碍。这就迫切需要人们拿出自己的自制力，改掉不好的习惯。

奥卡姆老师说道："各位，改掉习惯其实也不难。就如各位所说，要在时间和数量上下功夫，不要有侥幸心理。在逻辑学上，侥幸心理就是失败的前兆。"

张萌举手问道："奥卡姆老师，您能说得具体点吗？我的自制力就很差。"

奥卡姆老师微笑着说："你可以尝试做其他有益的事情，当其他事占据主导位置时，习惯就自然丧失了作案机会。中国有句老话，叫'瘾，奉之弥繁，侵之愈急'，其实习惯也是这样。如果你有足够的自制力，很好改掉习惯，但如果你的自制力没有这么强大，渴望一朝一夕改掉它，也是不可能的事情。"

张萌不由自主地发出了一声叹息："唉，习惯为什么如此难以改变呢？"

奥卡姆老师也很无奈地说道："因为习惯就深深藏在我们的潜意识当中。我们仅仅依靠显意识，几乎是无法改变习惯的。因为显意识只在我们警觉的时候起作用，但你不可能24小时都保持警觉，那样你的身体也会吃不消。显意识就像一个执勤兵，在执勤兵高度紧张的时候，习惯是不会出来作祟的，但它永远静静地站在哪里，等待执勤兵开小差。因为潜意识是不需要休息的。"

张萌听完更加绝望："那我的习惯永远不能改变了吗？我乱猜忌的习惯已经严重困扰到我的生活了。"

"当然不，我亲爱的学生，"奥卡姆老师肯定地说道，"奥斯特洛夫斯基有句名言我很喜欢——人应该支配习惯，而决不能让习惯支配人，一个人不能去掉他的坏习惯，那简直一文不值。这句话看似无情，却很有道理。改掉习惯其实也并非不可能。"

张萌竖起耳朵，拿起笔来，一副洗耳恭听的样子。

奥卡姆老师笑着说："万事开头难，难改的习惯也是如此。就像火箭刚脱离地球的时候，想要脱离地心吸引力其实是最难的，也是需要耗费最多能源的。然而，只要克服'坏习惯'起初的阻力，一切问题也就迎刃而解了。"

张萌问道："您是说，在最开始的时候，我需要全神贯注，只要持之以恒就能改掉习惯？"

奥卡姆老师点头："没错，虽然在最开始的时候会很困难。但你要知道，绝对不会一直这么困难的，当你的'好习惯'开始养成后，一切就会改变，你就会自然而然地维持自己的好习惯，而坏习惯就被你代谢掉了。"

一位穿裙子的女生说道："没错，奥卡姆老师，我改掉过不好的习惯。一开始，我会做很有把握成功的事情，即便是微小的事。每做到一件事后，就夸自己一句，慢慢地，我的荣誉感就会积少成多，也更容易养成好习惯，剔除坏习惯。"

奥卡姆老师说道："正所谓'知己知彼，百战不殆'，首先，我们应该全面分析坏习惯是如何形成的。当纠正坏习惯的过程中，我们忍不住又要犯时，就可以给自己一个心理暗示，告诉自己，如果持续这个坏习惯，将引起哪些不良结果。换句话说，就是不给自己再次犯错的借口。"（见图 10-5）

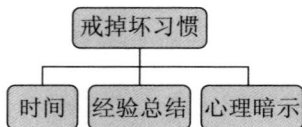

图 10-5　戒掉习惯

张萌说道："奥卡姆老师，我在改正习惯的时候，总会遇到这样的情况，就是本来前期坚持得很好，但却因为一个小细节让我中断。"

奥卡姆老师笑眯眯地说："那你就要总结上次失败的原因，下定决心，并且马上开始下一次的行动。记住，时间、数量和理智才是你制胜的法宝。奥维德说'没有什么比习惯的力量更强大'，因为习惯是思想和行为真正的领导者。人生其实就是好习惯和坏习惯的拉锯战，如果你渴望出类拔萃，也渴望生活方式与众不同，那你就要明白一点：习惯决定你的未来。"

"大家都知道，改掉一个习惯，就需要理性和自制力，"看着若有所思的学生们，奥卡姆老师笑着说道，"那如果感性占据了你的人生，又会发生什么事呢？"

第四节 当感性主宰了我们的人生

听到奥卡姆老师的问题，一个男生抢答道："就会经常吵架！"

大家都笑了起来，看来这位男生跟他女朋友经常吵架。果然，一个女生瞪着眼睛拽了一下男生的衣角。

"都说人是一种感性的动物，因此情绪似乎也与生俱来，"奥卡姆老师说道，"但情绪往往会左右一个人的大脑的理性思考，而非理性的思考也会导致负面的结果。"

这个男生恍若未觉，对女生说道："难道我说得不对吗？上次我让你跟我回家过年，你怎么说的？"

女生满脸通红地说："你能不能别说了，现在上课呢……"

奥卡姆老师闻到了一丝八卦的味道，笑眯眯地摆摆手："没关系，你们说说看，我来给你们评理。"

男生颇为无奈地说："我让她过年跟我回家，我同事跟他女朋友都是去男方家里过年，既然我们打算结婚，今年也应该来我们家过年啊，但是她就是不来。"

女生争辩道："不是我不想去，我也得回自己家陪我爸妈啊。现在都是独生子女，我平时工作也不在家，过年还不让我回家陪他们吗？"

男生说道："那你可以年初二来啊！我给你买机票，都说了我爸妈想见你了。"

女生声音也有些提高了："你们家亲戚朋友那么多，我第一次去的时候都冻感冒了，跟你拜年要从凌晨拜到傍晚。"

男生有些激动地说："嫌冷是吧？嫌我们是农村人是吧？你们家往上数三辈，不也是农民吗？去趟农村还能把你冻死啊？不想来就别来，找什么借口！"

女生也生气了："你喊什么啊？一个大男人，这样说话有劲吗？有点事儿你就开始嚷嚷，心平气和地说不行吗？上次逛街的时候你就这样。"（见图 10-6）

图 10-6　吵架

男生也火了："男人怎么了，男人天生就欠你们的是吧？上次逛街都是啥时候的事儿了？你除了会翻旧账还会干什么！"

女生眼见着要哭了，奥卡姆老师赶紧上前制止了男生。但男生还是嚷了一句："不想来就说不想来，想分手就直说，你可以

160

找个城里人。"

气氛一下子变得很僵，奥卡姆老师严肃地对男生说："我要批评你两句，本来过年带女朋友回家是件好事儿，你怎么整的要分手了呢？虽然情侣间本来就带有感性因素，但是这不能成为吵架的理由。"

男生有些愤慨地说："就因为她怕冷，我妈还特意装了个空调，结果她还是不跟我回去，这让我妈怎么想？"

女生委屈巴巴地说："你也没跟我说你妈为了我装空调了啊。"

奥卡姆老师一拍手，说道："看见没有？你们刚才吵架根本没吵到点儿上。这位男生的本意是想说服女友跟他回家，而女生不同意也是有自己的苦衷。女生说怕冷是事实，但男生却没有把家里装空调的'解决方案'说出来，而是暗自恼怒，扯出让自己自卑的因素，一股脑全怪在女方头上；而女方也扯出以往不愉快的经历，两人各执一词，火药味越来越浓，双方都很情绪化，才导致这次'谈判'的失败。"

女生想了想，说道："我承认，我不应该翻旧账，抱歉。"

男生没有吭声，奥卡姆老师接着说："当感性战胜理性时，人往往会变得情绪化，而情绪化则是人类焦虑、紧张、恐惧、压力和愤怒等感受的表现方式。人在情绪化的时候，就不能冷静、理智的处理问题。"

"你大概不是坚定的唯物主义者吧？"奥卡姆老师询问男生。

男生挠了挠头，说道："算是吧，虽然我一直受唯物主义教育，但我也挺迷信的。"

奥卡姆老师笑着说："一个过于感性的人，往往是个唯心主义者，常常以自我为中心，很少能换位思考。因此，情绪化的人大多不会顾及别人的感受。你就是这样，没有为对方着想。"

男生有些不好意思，于是向女生道歉："对不起，是我不好，我不应该冲你发火。"

女生气哼哼地没有理他。男生有些尴尬，问奥卡姆老师："您说，这种情况我该怎么办呢？我从小就控制不住自己的脾气。"

奥卡姆老师说道："当你处在愤怒的情绪里时，在说出伤人的话语前，先深吸几口气，这样就能冷静下来，不让情绪冲昏自己的头脑。除此之外，你应该先照顾对方感性的情绪。其实女生看似无理取闹，实际上只想看男生是否在乎她，是否顾及她。如果男生只是一味乱吼，或者讲道理，非得辩个谁对谁错，结果就是赔了夫人又折兵。"

男生说："那我这时候应该怎么办呢？我应该怎么跟她说呢？"

奥卡姆老师笑眯眯地说："有一个非常好的办法，就是先主动致歉，然后提出让双方都满意的解决方案。例如，你俩的事情，你可以主动说：'你平时对我特别好，我都知道，也很感动，所以我想邀请你跟我回家过年，让我父母也知道我对你的感情。还有，我知道你特别怕冷，我妈还特意给你装了空调。不过，你要是实在不想回去，我们就商量商量，看看怎样才能把双方父母都照顾到，你看怎么样？你来决定，你决定的事情我肯定照办！'"

张萌暗想，没想到奥卡姆老师还是个情场高手，如果自己男朋友这么跟自己说，自己肯定同意跟他回家过年。

男生也对奥卡姆老师做了一个抱拳的动作表示敬佩。

奥卡姆老师笑着说："当感性战胜理性时，千万不要感情用事，因为你事后肯定会后悔。你应该冷静思考一下，自己应该怎么做，应该怎么说，对方才更容易接受，这样才能减少很多不必要的争执。好了，今天的逻辑学课程就到这里了，希望大家都

能理性面对问题，减少吵架次数，让人生变得更美好！"（见图 10-7）

大家爆发了热烈的掌声，刚才吵架的小情侣鼓掌尤为热烈。奥卡姆老师就在学生们的掌声中，慢慢地走下了讲台。

图 10-7　理性

第十一章
胡塞尔导师主讲"深奥的逻辑之艰难的判断"

本章通过四个小节，详细介绍归纳与发散的逻辑学问题。通过阅读本章内容，读者就能明白，只有捋清问题，才能一锤定音。在判断过程中，逻辑思维能力尤其重要。因此，本章使用了通俗易懂的问题，配以大量佐证，详细介绍了逻辑思维在判断中的重要性。本章适用于判断能力较弱的读者。

埃德蒙德·古斯塔夫·阿尔布雷希特·胡塞尔

（Edmund Gustav Albrecht Husserl，1859—1938），20 世纪奥地利著名作家、哲学家，现象学的创始人，同时也被誉为近代伟大的哲学家之一。

1883 年起，埃德蒙德·胡塞尔在维也纳追随德国哲学家、心理学家弗朗兹·布伦塔诺（1838—1917）钻研哲学，作为弗朗兹·布伦塔诺及卡尔·斯图姆夫的学生，他影响了伊迪·斯坦因、欧根·芬克、马丁·海德格尔、让·保罗·萨特及莫里斯·梅洛-庞蒂。埃德蒙德·胡塞尔先后在德国哈雷、哥丁根和弗赖堡大学任教，直到 1928 年退休。1938 年病逝于弗赖堡。

第一节　人生若只如初见

　　自从奥卡姆老师讲完感性和理性后，张萌就开始刻意管理起自己的脾气了。身边人都说张萌变了好多，变得更温柔知性了。这些都是奥卡姆老师逻辑课的功劳啊，张萌暗想道。

　　正想着，一个戴着眼镜，西装革履的文艺老青年慢步走上讲台："各位下午好，我是今天的逻辑学老师，来自奥地利的埃德蒙德·古斯塔夫·阿尔布雷希特·胡塞尔。"

　　谁？大家听得云山雾罩的，外国人的名字怎么都那么长呀？

　　来者笑了笑："各位叫我埃德蒙德·胡塞尔老师就可以了。大家平时都读诗词吗？"

　　诗词？大家再次瞠目结舌了，这些外国老师怎么对中国文化了解得这么深啊！

　　埃德蒙德·胡塞尔老师说道："纳兰性德有首作品我很喜欢，叫木兰词，开头便是'人生若只如初见，何事秋风悲画扇'。这句话是感慨日久见人心。因为在初次相遇时，我们总被对方的优点吸引，继而对对方抱有美好的幻想……可时间久了，幻想破灭了，我们开始面对现实了，才感慨道：人生若只如初见！"

　　看着埃德蒙德·胡塞尔老师感慨的样子，张萌觉得有些酸溜溜的，但是大部分学生都被埃德蒙德·胡塞尔老师的神情吸引了。

　　埃德蒙德·胡塞尔老师说道："其实，古往今来，物是人非，让人唏嘘的不过是变化罢了。人们喜欢追忆初见，不过是回忆最初的美好罢了。人总会觉得，最初的东西就是最美好的，但如果人生一直都像初遇那样简单，没有波折该多好。大家都知道纳兰性德吗？"

学生们大多都摇摇头。埃德蒙德·胡塞尔老师感慨道："对纳兰性德来说，不管是进宫的表妹，还是温柔的卢氏，都没能陪他到最后。所以他青衫湿遍，沉醉在最初的场景里不愿意清醒。而每个看到'人生若只如初见'的人，在心里都会有一个已经失去或永远得不到的人吧！"

张萌也生出了一些感慨。是啊，得不到的才是最好的。就像张爱玲说的，每个男人的生命里，都会出现很多女子。得到红玫瑰，红玫瑰就变成了蚊子血，而得不到的白玫瑰就是白月光；得到白玫瑰，白玫瑰就成了一粒大米饭粒，而得不到的红玫瑰则成了胸口的一颗朱砂痣。

为什么呢？因为回忆里只有初见。在回忆里，初见的美好被捧上了圣坛。红色如朱砂痣般红艳诱人，白色如白月光般清冷高贵。而那些勤勤恳恳的枕边人，都因为太具体，太有生活气息，一身柴米油盐，所以留给她们的结局便只能是"虽然躺在男子身边，却永远入不了他的梦里"。这是何等唏嘘。

埃德蒙德·胡塞尔老师说道："在逻辑学中也是如此。第一次做，或第一次看到什么东西时，心中的欣喜是无法言喻、不可替代的。第一次见到的人，如果留下美好印象，不管之后发生什么，至少回忆的时候是绝美的。"

一个男生挠着头发，说道："是啊，刚开始的时候，相互还不了解，觉得彼此都特别美好，但随着日后的相处，矛盾就出来了。再美好的东西，也会走下圣坛，会互相厌倦，然后演变成争执,最后以分手收场。"

一个女生说道："看来不能轻易谈恋爱。两个人还是应该从朋友做起，慢慢熟悉，从相处的点滴来看两个人是否合适。一旦两个人决定在一起了，就不要动不动就分手，有问题可以慢慢解决，东西破了还慢慢修补呢，总不能稍微坏一点，就扔了买个新的吧？"

埃德蒙德·胡塞尔老师笑着说："可是，现在生活节奏这么快，有一些人就觉得：喜欢就在一起，不喜欢了就分手，不要拖着。所以，现代人的爱情都是比较短暂的。不瞒各位，我最开始也是抱有如此想法的，但后来，我发现自己错了。"

张萌一听有八卦，立马说道："埃德蒙德·胡塞尔老师，快给我们讲讲吧！"

埃德蒙德·胡塞尔老师又是一脸感慨地疏导："单身的人总在寻找真爱，找到一个不错的，相处一下，发现对方不像自己想象中的那样完美，于是赶紧换下一个。谈恋爱就像洗牌一样，你可能在相处的对象中，已经错过了自己的真爱，只是你没有发觉。因为你在出现问题的时候，不是沟通解决，而是逃避。"

一个男生一脸痛苦地说："是啊，为什么不解决呢？我前女友遇到问题从来不说，一直忍着，我一直以为是她脾气好。直到最后分开的时候，她对我说'我已经忍你很久了，累了，分手吧'，于是我一点挽回余地都没有了。为什么要忍呢？出现问题不应该解决吗？你指出我的缺点，我说出你的缺点，大家一起看看能不能改，这样不好吗？"

埃德蒙德·胡塞尔老师拍了拍男生的肩膀，安慰道："是啊，两个人在最开始相遇，都会给对方呈现自己最完美的一面。男生讲礼貌，尊重女生，关心女生；女生喜欢打扮，内外兼修，体贴男生。可是，这样能坚持多久呢？几年？几个月？几天？刚开始的甜言蜜语还在手机里，可现在除了必须要说的话，已经没有多余的联系了。可能正是这些改变，才真应了那句'等闲变却故人心，却道故人心易变'吧？"

大家都是一脸感慨地点点头，埃德蒙德·胡塞尔老师接着说："其实，在相处过程中，男生和女生从美好到不欢而散，大多情况都是因为判断失误。男生说的话跟不上女生的思维，女生觉得男生不理解自己。这就涉及问题的判断——"

第二节　判断的过程中，真假难辨

埃德蒙德·胡塞尔老师喝了口茶，继续说道："关于判断，各位有过真假难辨的时候吗？"

一个男生用力地点点头，说道："当然，我经常听不出别人的隐藏含义，很多时候，人家说反话，我却当真话来听。但是，上了威廉姆·杰文斯老师的课程后，这个问题好多了。"

埃德蒙德·胡塞尔老师笑着点点头："逻辑学课程对你很有用，这也让我很欣慰。其实，每个人对不同的话都有不同的理解。但现代人说话确实让人真假难辨。"

一个女生笑着问道："您也遇到过难辨真假的时候吗？"

埃德蒙德·胡塞尔老师认真地说："当然了，就说昨天吧，我去一个餐馆吃饭，正好遇到两个妇女在愉快地谈话。其中一个妇女说'我家女儿太平凡了，每个月就赚一万多块，长得也很一般，追她的男生也不多，只有两三个吧，好在追她的男生条件都还不错，有个还是总裁。哎，谁知道她能不能嫁出去呢，真是让我很头疼啊'。另一个妇女说'你家女儿多好啊，大家都夸你女儿又漂亮又能干呢。不像我家儿子，开了家小公司，每年收入也就几十万，他眼光又高，找对象这方面，我才是操不完的心呢。'"

埃德蒙德·胡塞尔老师说完，大家都笑了。一个男生笑道："这俩妇女也太虚伪了，说好听了叫假谦虚，说不好听了，就是在显摆嘛。"

埃德蒙德·胡塞尔老师也笑了，他调皮地说道："于是我就上前搭话，说'那把你俩的孩子互相介绍一下，不就好了嘛'。结果女方家和男方家异口同声地拒绝了我的提议，让我很尴尬。"

一位女生感慨道："现代人说话越来越玄乎，我都分辨不出来哪句是真，哪句是假了。"

埃德蒙德·胡塞尔老师摇摇头："其实，真话和假话还是很好分辨的。我这里有三个方法介绍给大家。第一个叫矛盾法。也就是说，在真话和假话中，可以通过'非真即假'和'一找二绕三回'的方法。"

女生捂着脸说道："您可别又绕又回的了，我都被绕糊涂了。"

埃德蒙德·胡塞尔老师笑着说道："我给各位出道题吧！小郑是位新人，刚到单位上班，处长鼓励他说'我们单位的年轻人，都在事业上取得很大的进步'，副处长则告诉他'我们单位的年轻人都没取得什么进步'，科长则对他说'我们单位年轻人都很勤奋，因此都有不小的进步'，小郑的同事说'我们科长很年轻，就是爱说谎，但比之前进步多了'。经过一段时间，小郑发现这四个人里，只有一个人说假话。大家能推断出是谁吗？"

张萌在笔记本上记了很多，慢慢推算道：科长和同事说的话，并不是完全矛盾的。科长爱说谎，并不代表每句话都是谎言。但处长和副处长的话却是相互矛盾的，因此，二人之间肯定有一人说假话。同事说，科长也是年轻人，有进步，所以副处长的话，跟三人都矛盾，选副处长。

张萌刚算出来，大家就七嘴八舌地说："选副处长！"

埃德蒙德·胡塞尔老师笑眯眯地说："不错，大家的逻辑思维都很强大嘛，那怎么会出现判断失误的情况呢？说到底，还是没走心啊！"

大家恍然大悟。刚才提问的男生也说道："是啊，我不太注意倾听别人的谈话内容。有时候，我在压力和紧张的情绪下，就更判断不出真假了。"

埃德蒙德·胡塞尔老师说道："其实，判断真假不难，难的是每个人的想法都不同。我再给各位举个例子吧。同事二人在工作中遇到了问题，被老板大骂一顿。于是来到教堂，给神父诉说了自己的经历。神父听完，只说了一句话：'不就是一个工作吗？'各位听完这句话，请给出你们自己的感想。"

张萌率先答道："是啊！不就是一个工作吗？我会选择不干了，再找一份工作。"

另一个女同学说："我也会选择不干了，但是我要创业！"

一个男生说道："不就是一个工作吗？去哪儿干不都一样吗，别的地方说不准还不如这儿，我还是老老实实干活吧。"

埃德蒙德·胡塞尔老师笑着说："看，各位听到的是同一句话，但却给了我不同的答案。我能说有人错了吗？不能，因为这是大家的选择，是大家对这句话做出的判断。"

张萌明白了，她说："其实判断的正确与否，只在自己的选择。"

埃德蒙德·胡塞尔老师笑着说："不错，如果你判断失误，只能证明你的选择出现偏差。大家都知道诸葛亮的空城计吧？"

学生们都点头表示知道。

埃德蒙德·胡塞尔老师接着说道："当时，蜀中没有武将，只剩几千老弱残兵和一班文官。诸葛亮城门大开，让士兵扮作百姓在城门口打扫，自己在城楼上弹琴。司马懿认定，诸葛亮一生谨慎不敢冒险，诸葛亮就是看准这一点，才给司马懿唱了一出空城计。我们能说司马懿判断失误吗？只能说诸葛亮神而近妖罢了。"（见图11-1）

图 11-1　空城计

学生们琢磨了一下，确实是这个道理。

埃德蒙德·胡塞尔老师笑着强调道："所以，只有思考全面，才能做出最合理的判断，只有在行动之前捋清问题，才能一锤定音！"（见图11-2）

图 11-2　全面思考

第三节　捋清问题，才能一锤定音

听闻埃德蒙德·胡塞尔老师此言，一个男生忍不住问道："为什么不是解决问题，才能一锤定音，而是捋清问题呢？"

埃德蒙德·胡塞尔老师笑道："你知道人与人的差距是怎么显现的吗？"

男生摇头表示不知道。

埃德蒙德·胡塞尔老师神色夸张地说："其实！最开始的时候，大家面对的都是同一个问题，都站在同一个起点。就算没有外力相助，我们也不难发现，走着走着，人与人的差距就越拉越大。有的人越走越快，有的人开始落后，有的人已经偏离了原来的路线。"

男生表示强烈的赞同："确实是这样的，我们宿舍有六个人，刚来的时候，大家都是差不多的，但现在，我们之间的差距已经越来越明显了。这是为什么呢？"

"很简单，"埃德蒙德·胡塞尔老师说道，"就像我刚才说的，在面对问题时，每个人的脑子都会做出不同的思考。因为思考的内容不一样，做出的判断不一样，所以得出的最终答案也不一样。这就是差距产生的过程。"

张萌提问道："您的意思是，有的人在做事前，知道把问题捋清，这才是他们甩开我们的原因，是这样吗？"

埃德蒙德·胡塞尔老师点点头表示肯定："在做事的过程中，我们会面对很多未知的困难，有很多复杂的问题。因此，我们在做事之前，一定要把问题捋清，最好制定一个行之有效的方案。要知道，一帆风顺的任务太少，这就需要我们因时制宜、因事而异，掌握正确的方向和方法，才能得到最好的结果。"

一个女生说道："您能给我们举个例子吗？"

埃德蒙德·胡塞尔老师说道："当然。我教过两个学生，他们是一家公司的同事。有一次，经理安排他们二人分别做项目，A被要求在一周内拿出方案，而B被要求在一月内拿出方案。项目的难易程度是一样的，只是A的项目在时间上更紧迫一些。大家都觉得，A肯定会熬几个通宵了，没想到A却很轻松。因为他把整个项目的工作内容列出了重点，每天集中精力完成自己的既定计划，让工作一步步顺利进行。最终，高效率高质量的结果，让这个项目顺利完工。"

"那B呢？"学生们急切地问，张萌对埃德蒙德·胡塞尔老师的回答产生了预感。

果然，埃德蒙德·胡塞尔老师说道："B表现得相当卖力。

他每天都是第一个来，最后一个走，甚至还熬了几个通宵，但结果却出乎所有人的预料：B的方案没有通过。原来，B每天的忙碌都没有忙到点儿上。很多时候，B自己都不知道自己在忙什么，他的努力没有重点，没有针对性，时间耗费个精光，结果却是捡了芝麻，丢了西瓜。"

大家都陷入了思考，埃德蒙德·胡塞尔老师趁热打铁道："史蒂芬·柯维讲过这样一个故事：一群工人接到任务，去丛林里清理矮灌木。工人中间有一个是领导者，他爬上了最高的树，然后纵观全貌，大声嚷嚷道：'嘿！我们走错了，不是这个丛林！'而工人中间有个实干者，他从不考虑问题，接到任务就着手去干。于是大声回答：'你怎么还不工作？我们正干得热火朝天呢！'"

学生们听完面面相觑，有些哭笑不得。埃德蒙德·胡塞尔老师接着说道："如果清理矮灌木是'正确地做事'，那清理对矮灌木就是'做正确的事'。如果你一开始就努力错方向，那你越努力，反而离最初的目标越远。因此，相比解决问题，更紧迫的是要捋清问题。成功的人都懂得，要按照事情的重要程度来决定做事的顺序。"（见图11-3）

一位西装革履的男士说道："不错，我是管理学专业的。我们老师经常告诉我们，一个人的精力是有限的；'二八法则'也告诉我们，做20%重要的事情，可以产生80%的绩效。在工作和生活中，按照轻重缓急来安排工作，也是能把事情办好的有效法则。"

埃德蒙德·胡塞尔老师微笑地表示赞许："没错，人的主动性就体现在这儿了。即便一件事，在眼下没有能完全解决的能力，但也可以用现有的方法捋清一部分，这也相当于给未来问题的解决埋下一个伏笔。和解决问题相比，捋清问题在行为上看似更低

175

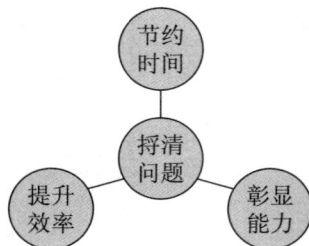

图 11-3　抒清问题

一级，但却是对人主观能动性的最大解放。"（见图 11-3）

一个女生举手提问道："埃德蒙德·胡塞尔老师，请问我们应该如何抒清问题呢？"

埃德蒙德·胡塞尔老师微笑地回答道："很简单，抒清问题最重要的方法是'复简'。'复简'就是'复'和'简'，'复'就是'反'，'简'就是'合'。"（见图 11-4）

抒清问题最重要的方法是"复简"。

图 11-4　复简

这位女同学被埃德蒙德·胡塞尔老师绕懵了，埃德蒙德·胡塞尔老师哈哈大笑道："别急，听我慢慢道来。反的意思，就是反自己，也就是要求你用不同的角度看清问题，找到问题真正的本质；合就是精简，把可能遇到的问题都列出来，再把这些问题精简，把精力放到该放的地方。"

张萌点点头，接过了埃德蒙德·胡塞尔老师的话茬："是啊，如果只从解决的角度看问题，永远都无法好好解决。只有从抒清的角度出发，才能用所有力量，把问题最好地解决掉。把张开的手掌握成拳，重点出击，才能有效地打击问题！"

埃德蒙德·胡塞尔老师笑着给张萌鼓鼓掌："没错，这位同学很会举一反三，看来你的归纳能力和发散思维都很强啊！很好，

176

归纳和发散是逻辑学里很重要的一点，下面，我就给各位具体讲解一下。"

第四节　归纳与发散，"能屈能伸"的判断要点

张萌被埃德蒙德·胡塞尔老师夸得很不好意思，谦虚地低下了头。

一个男生也想被埃德蒙德·胡塞尔老师表扬，于是举手说道："我的归纳能力也很强。归纳其实就是总结，把知识里的重点和要点筛选出来；再通过重点和要点，把知识简明扼要地表达出来。归纳就是把知识进行归类，让接收的内容更有条理。这样一来，无论是记忆、理解还是应用，都要轻松方便许多了。"

埃德蒙德·胡塞尔老师满意地说道："这位同学说得太好了，我自己也不能说得更好了。"

另一个男生挠着头发，小声嘀咕道："发散思维我能理解，归纳有什么用啊，大概知道事情该怎么做，不就可以了吗？"

这段话被埃德蒙德·胡塞尔老师听到了，他严肃地摇了摇头，说道："我给你讲个故事吧。曾经有人问孔子，谁是你最优秀的学生。孔子说'颜回'。人们问'为什么，你有很多更聪明的弟子啊'。孔子答'颜回不迁怒，不贰过'。所谓'不贰过'，就是不在自己摔过一次跟头的地方，再跌倒第二次；不在别人跌倒过一次的地方，再跌倒第二次；甚至不在古人跌倒过一次的地方，再跌倒第二次。要想做到'不贰过'，就离不开总结。"

一个女生点点头，说道："没错，谁不善于总结，谁就肯定会吃大亏；谁善于总结，谁就能不断进步。人生就是一个不断总结的过程嘛。"

埃德蒙德·胡塞尔老师笑着说道："你倒是看得很透彻。没错，归纳能力很重要，但是发散思维也很重要。发散思维又被称为辐射思维，是指在创造和解决问题的过程中，从各个方向扩展发散，不受现存的事物约束，并能从辐射的思考中，得到更多的解决办法。"

张萌脱口而出："黑格尔有句话，叫'创造性思维需要有丰富的想象'，说的就是发散思维吧？"

埃德蒙德·胡塞尔老师说道："没错，现在我就出道题，考验一下各位的丰富想象：砖都有哪些用处呢？各位请尽量想得多一些，想得远一些，请充分运用各位的发散思维。"

马上有同学回答："可以盖房子。"

有人说："可以垒猪圈。"大家都笑了起来。

一位女同学说："可以修长城。"

张萌说道："可以做工艺品。"

一位男同学一边笑一边说："可以用来打小偷。"（见图 11-5）

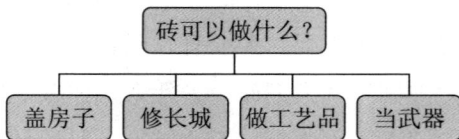

图 11-5　砖的用处

埃德蒙德·胡塞尔老师拍手笑道："从发散思维的角度来看，我应该给这位男同学高分！因为他把砖头和武器联系在一起了。

记得贝尔纳说过'妨碍学习的最大障碍，并不是未知的东西，而是已知的东西'。事实就是这样，有一道测试智力的题，问：'有什么办法能最快地把冰变成水？'很多人都回答'加热'或'太阳晒'，而答案却是'去掉冰的两点水'。这就超出大部分人的想象了。"

张萌说道："这种发散思维要求人们按照与认识事物相反的方向去思考问题，从而得出超常的见解。其实，发散思维就是突破常规，标新立异，是一种不满足'人云亦云'的思维。它表现了积极探索的超凡创造性，但同时又不违背生活实际。"

埃德蒙德·胡塞尔老师笑着说："不错，你的见解很独到，也很正确。就比如中国产的抽油烟机，大家都在'不粘油'上下功夫，但是不粘油哪有那么容易做到呢？用户还是每隔半年就清洗一次抽油烟机。而美国一位发明家，却从相反的方向思考。他发明了一种专门的吸油纸，用户只需要每隔半年换一次吸油纸，就能把抽油烟机护理得干净如初了。这就是发散思维的实用之处。"

埃德蒙德·胡塞尔老师接着说道："我们再做一个练习吧！请各位用逻辑学中的归纳能力和发散思维来解析'能屈能伸'这个成语。"

大家七嘴八舌地讨论起来。有人说："能屈能伸是指人能适应各种境遇，在失意时能忍耐，在得志时能施展抱负。"有人说："能屈能伸，就是见人说人话，见鬼说鬼话。"还有人说："屈，是一种难得的糊涂；伸，是以退为进的谋略！"

埃德蒙德·胡塞尔老师笑眯眯地看着大家，给自己的学生们鼓起掌来："真好，各位的逻辑思维已经很强了。我再给各位出个问题：某地由于有一些工厂排放污水，使河流污染严重，有关当局采取了不少措施，如罚款等，但是还是不能解决问题，请你开动脑筋，想一想，怎样才能让工厂既能继续生产又不至于污染河流呢？"

大家又给出了很多方案。埃德蒙德·胡塞尔老师说道："大家说得都很有道理。而有位著名的逻辑学家也对此提出了自己的设想：可以立一项法律——工厂的水源入口，必须建立在它本身污水出口的下游。"

张萌想：把工厂水源入口，建立在污水出水口的下游会怎样呢？

埃德蒙德·胡塞尔老师看出了大家的疑惑，笑着解释道："看起来，这是个匪夷所思的想法，但它确实有效地促使工厂进行自律，假如自己排出的是污水，输入的也是污水，这样一来，能不采取措施净化输出污水吗？"

大家恍然大悟，纷纷拍手称赞。

埃德蒙德·胡塞尔老师整理了自己的资料，然后笑眯眯地说道："各位，今天的逻辑学课程就到这里了。期待下次与大家相遇！"

学生们用热烈的掌声送别了这位可敬的逻辑学家。

第十二章
布里丹导师主讲"深奥的
逻辑之奇葩的悖论"

本章通过四个小节，详细介绍逻辑中的奇葩悖论，也介绍反其道而行之的逻辑思维方法。布里丹提出了解决这种悖论的方法。他的推论学说在欧洲中世纪逻辑中具有重要地位，其内容包括直言命题和模态命题中的推论规律和三段论推理。因此，作者通过大量佐证及配图，帮助读者理解布里丹的逻辑思维，同时提高读者的逻辑思维能力。本章适用于逻辑思维能力较强，渴望获得博弈思维的读者。

布里丹（Buridan，1295—1358），法国哲学家。曾于1328年和1340年先后两次任巴黎大学校长。他对科学问题有广泛的兴趣，注释了亚里士多德的物理学和天文学著作，并在这些方面进行了一定的研究。其逻辑著作有《论辩术大全》和《推论》等。

布里丹对命题的真假条件做了种种规定。例如，他提出一个命题与其矛盾命题的真值正好相反。他曾提出说谎者悖论的一个变形："写在这卷书中的一切语句都是假的"。

这个语句是写在这卷书中唯一的一个语句，如果这个语句是真的，那么它就是假的，因为它是写在这卷书中的一个语句；如果这个语句是假的，那么这卷书中至少有一个语句是真的，可是这卷书中只有唯一的一个语句，因此它是真的。

第一节　布里丹之驴

张萌回去之后，满脑子都是埃德蒙德·胡塞尔老师的"人生若只如初见"，还有他教给大家的判别真假、捋清问题和发散思维。

今天又是哪位逻辑学老师来讲课呢？

张萌正想着，耳边却传来了一声驴叫，吓得张萌把手里的笔记本都扔出去了。

只见一位牵着毛驴，抱着干草的西方面孔走上讲台。张萌不由得一愣：这是来讲课的，还是来恶搞的？

张萌身边一个男生也被眼前的景象惊呆了，他试探着问道："您该不会是布里丹……老师吧？"

来者笑眯眯地说："没想到中国学生竟然认识我，我真是太荣幸了。没错，我就是布里丹。"

男生一脸黑线地说："我是通过您的驴子认识您的，而且我还猜到，您今天肯定要给我们讲'布里丹之驴'吧？"

布里丹老师讪笑了一声，答道"哈，这位同学还真是聪明……没错，我今天给各位讲解的逻辑学内容，就跟驴有关。"

张萌差点儿呛到，驴跟逻辑学有什么关系？

布里丹老师迅速放好两堆干草，赶紧说道："各位，大家请看！我这只驴是只理性的驴，我的干草也是完全相等的！在这种情况下，我的驴会被饿死！因为它不能决定，自己到底该吃哪一堆干草。"（见图 12-1）

图 12-1　布里丹的驴

　　"真的假的啊？"学生们纷纷发出了质疑声，但是眼前的驴确实是没有吃草。一个男生有些怀疑地问："您是不是出门前，已经把驴喂饱了啊？"

　　布里丹老师脸一红，连咳了几声："不要胡说，要相信科学！这可是由本人名字命名的著名悖论——在决策过程中犹豫不决、迟疑摇摆的现象，就被称为布里丹毛驴效应！这只毛驴最后会被饿死，原因就在于它左右干草都不想放弃，不懂得如何决策。"

　　张萌脱口而出道："我们中国有句老话，叫'鱼和熊掌不可兼得'。布里丹毛驴效应产生的根源，应该和这句话同出一脉。既想要得到鱼，又想要得到熊掌，最后的结果就是鱼和熊掌都得不到。"

　　布里丹老师赞美道："不错，没想到中国早就有了如此精妙的逻辑学论断。这种思维方式，从表面上看是追求完美，实际上是贻误良机，这反而是最大的不完美。"

　　布里丹老师接着说道："各位在生活中也会面临多种抉择，如何选择，对于人生的成败有着至关重要的影响。因此，人们也希望能得到最佳结果。在抉择之前反复斟酌，权衡利弊是十分必要的。但如果犹豫不决，举棋不定，就会造成大悔。机会稍纵即逝，不会给你足够的时间反复思考，更多的是要求我们当机立断，迅速决策。如果各位违背了'布里丹毛驴效应'，就会两手空空，一无所获。"

一个男生说道："这就像《聊斋志异》中一篇'老狼救子'的故事一样。"

布里丹老师面露疑惑之色。

男生说道："两个牧童进深山，发现狼窝里有两只小狼。他俩各抱一只，分别爬上两棵大树，两树相距数十步。不多时，老狼来找小狼，其中一个牧童掐住小狼的耳朵，弄得小狼惨叫连连。老狼狂奔而来，气得在树下乱抓乱咬。此时，另一棵树上的牧童掐小狼的腿，另一只小狼也哀号不断。老狼又闻声赶去，不停奔波于两树之间，终于累得气绝身亡。"

布里丹老师连连摇头："唉，可怜的动物。这只狼之所以累死，是因为它犯了'布里丹毛驴效应'，它想把两只小狼都救回来。如果它死守一棵树，至少就能救回一只。更为可悲的是，它不仅在实质上，而且在形式上也完整地再现了这一效应的形成过程。"

一位男同学推了推眼镜，说道："我们没有理由说驴比狼更愚蠢，如果说愚蠢，有时人比驴和狼都蠢。古人讲：'用兵之害，犹豫最大；三军之灾，生于狐疑。'三国时期的袁绍就是如此。袁绍四世三公，门生故吏遍天下。他拥有占天下一半的军马钱粮和文臣武将，但最后还是输给了兵少地稀的曹操。原因就是他'有谋而不善断'，做事情太过犹豫，几次三番错失战机，导致全军覆没。"

"是啊，不善断者就不能在不利环境中逆势而动，"布里丹老师说道，"只有把眼前的机会抓住了，把手头的事情办好了，才有胜利的可能。与其在原地好高骛远，绞尽脑汁地编织出两全

其美的方案，还不如面
对现实，竭尽全力把眼
前最重要的事情办好。"
（见图 12-2）

张萌说道："我听
过一个故事，一个人为
了抓老鼠，特地弄来一
只擅长抓老鼠的猫，但
这只猫有个毛病，它很
喜欢吃鸡。结果就是这
人家中的老鼠被抓光了，

不善断者就不能在
不利环境中逆势而动。

图 12-2　善断

但鸡也所剩无几了。这个人的儿子想把吃鸡的猫赶走，但这个人
却说：'老鼠偷食物，还咬坏衣物和作物，挖穿墙壁，损害家具，
不除掉它们我们会挨饿受冻；没有鸡大不了不吃罢了，离挨饿受
冻还远着呢。'由此可见，这个人就很会权衡利弊。"

布里丹老师笑着说："你们的故事真多。不错，利与弊只是
一件事情的两面，很难分割。有些人能够分清孰轻孰重，从而做
出最佳决策；有些人却只顾眼前得失，分不清轻重缓急，酿成大
错。因此，了解'布里丹毛驴效应'也是十分有用的一件事。"

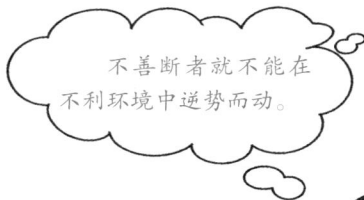

第二节　悖论人生，以逻辑披荆斩棘

布里丹老师话音刚落，一个男同学就举起手来："说到猫吃
鸡，我想起来一个问题。鸡生蛋，蛋又孵鸡。那是先有鸡还是先

185

有蛋呢？如果先有鸡，鸡从哪儿来呢？如果先有蛋，蛋又从哪儿来呢？"

布里丹老师被问得一愣，但还是回答了他："这是一个自然悖论啊，我没办法给你解释答案，谁也无法解释答案。也许本来就这样，不是任何东西都可以有答案的，没有答案就是答案。其实，作为一个逻辑学家，我最头疼的事情，也是生活中的各种悖论现象。"

张萌有些疑惑地歪着头，思考片刻说道："布里丹老师，生活中的悖论现象很多吗？我怎么一个都没察觉到。"

布里丹老师调皮一笑："比如中国古代的科举制度，还有现在的高考制度。这些制度的执行出现了很多不公平的事，而且出现了不少社会副作用，但取消它反而不能体现公平公正。所以，对于如何选拔社会有用人才方面，谁也给不出一个最佳答案。"

大家都笑了，布里丹老师对中国也很了解嘛，看来刚才大家给布里丹老师讲故事，确实是班门弄斧了。

布里丹老师接着说："再比如社会管理方面。想要保证一定的社会秩序，就要有一定的社会管理规则和部门。但规则的制定和管理部门的组成都是由人完成的，因此，这就不可避免地涉及人的利益，它的公正和公平性就值得质疑。现在有很多利益执法、粗暴执法的现象，就是其存在的问题。但不可否认，没有社会管理是不行的。所以，这样的社会悖论现象应该如何解决，在逻辑学和现实中是没有最佳答案的。"

大家仔细琢磨了一番，似乎是这个道理。

一个女生说道："我在网上看到这样一段对话，觉得很有意思。弟子问师父：'人活着有什么奇怪的地方吗？'师父说：'人们急于成长，在长成后又哀叹失去的童年；他们用健康换来金钱，不久后又要用金钱来恢复健康；他们对未来焦虑不堪，却又无视现在的幸福。因此，很多人没有活在当下，也没有活在未来。他们活着的时候仿佛不会死亡，在临死前又仿佛从未活过。'" （见图12-3）

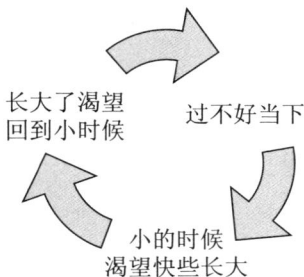

長大了渴望回到小時候

過不好當下

小的時候渴望快些長大

图12-3 苦恼

布里丹老师与学生们一起，都发出了一声感叹："这段话真是太有道理了！这就是典型的悖论。这段话虽然不全面，却也说明了一点：人生处处充满悖论，只要活着，就没人能跳出纠结的旋涡，也没有哪种理论能够穷尽人生。"

手戴佛珠的男士说道："古往今来，不管是哲学还是宗教，都在探究人活着的意义。它们都对人生有坚定不移的解释。但人生在世，哪有那么容易超脱呢？有句话说得好：痛并快乐着。虽然这句话也是一个生活悖论。"

"不错，从这个意义上来看，似乎文学对人生的解读更贴近心灵，"布里丹老师笑着说，"人有时活在理想里，有时活在现实中；人们在现实中追梦，却在梦里离不开人间烟火。但这句美如诗的话，在逻辑学中也是一个悖论。在物欲横流的今天，珍惜现在就是对得起生命了。很多哲学和宗教，都教导人如何活着，或如何活得更好，这反而加剧了人心的纠结。"

张萌脱口而出道："人生的纠结，其实也没有那么多非黑即白，只要不逾礼法，不违背道义，怎么好就怎么来呗，何必那么较真呢？人这一生，谁能把自己的生活真正说得明白呢？"

布里丹老师笑着说："你倒看得透彻，不错，'难得糊涂'也是超越人生悖论的一种途径。"

一位穿白衬衣的男同学说道："人这一生，说白了就是四个

187

字：生死名利。人生就是由生到死的过程，中间的一切都是为了名利。为了得到名利，每个人都不知道付出了多少痛苦的代价。道理说得简单：过得幸福就好了。但没有名利又何谈幸福？这就是最现实的道理。人生很难自己规划和把握，大部分时候都是随着社会大浪潮，冲到哪里算哪里。就算心有不甘，也很难摆脱现状。"

另一位男生反驳道："你可以学学老祖宗啊。例如，魏晋时期的阮籍、嵇康，风流洒脱，超然于世，这也是一种生活态度啊。"

穿白衬衣的男同学摇摇头说道："老祖宗们的洒脱，放到现代人的标准看，也是很痛苦的一件事。单说生活清贫，就有多少人忍受不了？何况阮籍、嵇康们，在风流洒脱下也是有痛苦的，他们的痛苦世人却很少探究。所以，只能说他们是痛苦并洒脱。"

布里丹老师笑了笑："你们说得都有道理，这也是一种人生悖论。这样的悖论是不可回避的，只能直接面对它。人活着，就要立足世俗，但又不能完全被世俗化。要有梦想和追求，却又不能只做梦。从逻辑角度来看，孔子是做得最好的。他对社会的一切都看得惯，在乱世中又保持着清醒，追求自己的理想和事业。人活得太过世俗也很可悲，太过超脱了也痛苦，像孔子一样在世俗中超脱的境界最好。"（见图 12-4）

学生们思考着布里丹老师的话，也颇有些感慨。布里丹老师调皮地笑了：

> 活着，就要立足世俗，但又不能完全被世俗化。要有梦想和追求，却又不能只做梦。

图 12-4　立足世俗

"被悖论冲击的时候，来点儿逆向思维是再好不过了。逆向思维能帮助你转换思考方式，从另一个角度超脱。"

第三节　反其道而思之的逆向思维

"逆向思维又称求异思维，它是对日常见惯的事情从相反的方向思考，从而获得一种全新解决方式的途径，"布里丹老师看着疑惑的学生们解释道，"敢于'反其道而思之'，就能让思维站在对立面纵观发展的方向，从问题的反面进行探索，树立一种新思想。"

一位学者模样的男士说道："当大家都朝着固定思维方向思考问题时，你却独自向反方向思考，这样的思维方式就是逆向思维。不错，人们习惯沿着事物的发展方向思考问题，并且在这个方向上寻求解决办法。殊不知，从结论往回推，倒过来思考，也许会让问题简单许多。"

布里丹老师笑着说："是这样的。在生活中也有很多通过逆向思维取得成功的例子。例如，某时装店经理，不小心把一条高档的连衣裙烫出一个洞，导致连衣裙的身价一跌到底。这件连衣裙的料子也没办法织补，如果强行蒙混过关，也是欺骗顾客，问题更大。于是经理突发奇想，又在连衣裙上挖了很多小洞，添以装饰，将其命名为'凤尾裙'。"

一位女生一脸恍然大悟地打断了布里丹老师："原来凤尾裙是这么来的呀！看来跟无跟袜有异曲同工之妙！"

布里丹老师没有责怪她的无礼，反而笑眯眯地说："是啊，

189

凤尾裙的销路一下就打开了，这也给服装店带来了丰厚的收益。你说的无跟袜我倒是没听过，有什么故事吗？"

女生有些不好意思地说："袜跟容易破掉，袜跟一破，就等于毁掉了一双袜子。因此，商家运用逆向思维，成功制作了无跟袜，创造了良好的商机。"

布里丹老师拍手笑道："这个例子真不错。据说，逆向思维还能让人年轻呢。各位请想，明年的你，会比今年的你大一岁。所以，今年的你，就比明年的你要小一岁。对于老年人来说，这样的逆向思维能让人的心态变年轻；对于年轻人来说，则会让他们珍惜时光，更加努力。"

布里丹老师继续说道："我看过一篇中国的小故事，觉得其中蕴含了深刻的逻辑学知识。一位母亲有两个儿子，大儿子是开染布坊的，小儿子是卖雨伞的，日子过得不错，但这位母亲成天愁眉苦脸的。于是邻居就问她：'你为什么每天都不开心？'老母亲回答道：'天下雨了，大儿子染的布就没法儿晾干；天晴了，小儿子的雨伞就卖不出去。'邻居哭笑不得地说：'你反过来想想啊，天晴了，你大儿子的布能晒干；天下雨，你小儿子的雨伞能卖掉。多好啊！'于是，逆向思维让这位母亲重新充满了活力，每天都过得很开心。"

学生们都露出会心的笑容，看来逆向思维确实很有效啊。

布里丹老师继续说道："不止在生活中，在发明创造方面更需要逆向思维。传统的破冰船都是依靠自身的重量来压碎冰块，所以它的船头采用高硬度的材料制作而成，设计得十分笨重，转向也很不便利。因此，老式破冰船非常害怕从侧面漂来的浮冰。苏联的科学家运用逆向思维，把下压冰变成上推冰，让破冰船潜入水下，依靠浮力从冰下破冰。"

很多学生都露出恍然大悟的神情，一脸敬佩。

布里丹老师笑着说："是啊，新发明的破冰船设计得非常灵巧，不仅节约了很多材料，而且不需要太大的动力，安全性也大为提高。每当遇到厚实的冰层，破冰船就像海豚一样上下起伏，破冰的效果非常好。苏联研发出的新型破冰船，还被称为'20世纪最有前途的破冰船'。"

一位男生点点头，说道："不错，我国发明的'两向旋转发电机'也是如此。发明家苏卫星翻阅了国内外科技文献，发现发电机共同的构造是各有一个定子和一个转子，定子不动，转子转动；而苏卫星的'两向旋转发电机'定子也转动，发电效率比普通发电机提高了四倍。就像苏卫星自己说的：'我来个逆向思维，让定子也旋转起来。'"

布里丹老师拍手表示赞赏："不错，逆向思维可以创造很多意想不到的奇迹。下面，我给各位讲解一下逆向思维的三大类型，这三大类型会对各位大有助益。首先是反转型逆向思维法。这种方法是指从已知事物的相反方向进行思考，产生发明构思的途径。比如市场上的无烟锅，是把原有的热源从锅具的下方转移到上方，这就是利用逆向思维，从结构方面进行的反转型思考。"

"第二个就是转换型逆向思维，"布里丹老师说道，"也就是说，在研究某个问题时，由于解决方案受阻，而转换成另一种方案的手段。例如，中国历史上很出名的'司马光砸缸'，就是一个用转换型逆向思维法的例子。"

"第三个就是缺点逆向思维法。这是一种利用事物缺点，并将其变为可利用优势的思维方法。这种方法能化被动为主动，化不利为有利，化弊为利，找到解决方法。例如，金属的腐蚀性是一种坏事，但科学家利用金属的腐蚀性原理进行金属粉末生产，这就是缺点逆向思维法的一种应用。"布里丹老师说道。

张萌不由得感慨道："逻辑学中的逆向思维果然强大。"

布里丹老师笑着说："是啊，不过，强大的不仅有逆向思维，还有博弈思维呢。"

第四节　决战中少不了博弈思维

"博弈思维？"一个女生听后不由得重复了一遍。

布里丹老师微笑地肯定道："不错。你喜欢下棋吗？当你下棋的时候，是不是很希望取得胜利？如果是，那你在下棋的过程中，肯定会为如何取胜而苦思冥想。就在你苦思冥想的过程中，就包含了'博弈论'。也就是说，你在走每一步棋时，脑海里肯定与对方过了很多招。你会想到，如果我走了这一步，对方会如何应对？我还是否有优势等。你的大脑会快速运转，比较每一种可能性，最终选取一个最好的方案。"（见图12-5）

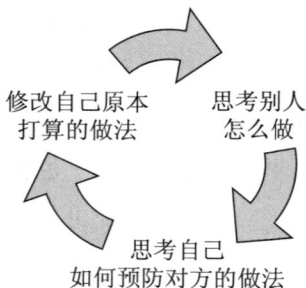

女生恍然大悟地点点头，表示自己听明白了。布里丹老师接着说："博弈思维法，就是你在做决策之前，要考虑自己的行为是否对别人产生影响，同时考虑别人的行为是否会对你产生影响，然后采取措施。博弈思维的前提之一，就是绝对理性的假设。也就是说，你和你的对手都是聪明人。毕竟一个聪明人与一个傻瓜，是没有博弈的必要的。"（见图12-6）

图 12-5　思考

张萌旁边的女同学皱着眉头问道："您有什么例子辅助讲解一下吗？我有点没听明白……"

"当然，"布里丹老师笑着说道，"在逻辑学中，博弈论是相当重要的知识点，而博弈论中有一个经典案例，叫'囚徒困境'。说得

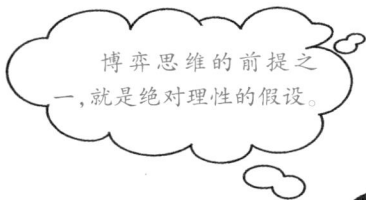

博弈思维的前提之一，就是绝对理性的假设。

图 12-6　博弈思维

是两个囚犯的故事：甲和乙一起做坏事，被警察抓了起来，分别关在两个不能互通信息的牢房里进行审讯。警察告诉二人：'如果告发你的同伙，那你就能被无罪释放，还可以拿到一笔奖金。你的同伙会按照最重的罪来判决，并且对其施以罚款。如果你们都坦白的话，两个人都会按照最重的惩罚来判决。'甲和乙的选择就是坦白和沉默。于是囚徒博弈开始了——"

布里丹老师饶有兴味地说道："如果两个囚犯都沉默，就都会被释放，因为警方无法给他们定罪。从表面上来看，两人都应该保持沉默。但囚徒的目标是最大限度地减少自己的损失和痛苦。于是二人都会想：'我根本无法想象他会不会出卖我，他肯定会为了自保对我不利。如果他出卖我，我沉默，他就会拿到钱且无罪释放；如果我俩都出卖对方，大不了一起坐牢。'"

学生们仔细琢磨了一番，的确是这个道理。囚徒肯定会想：如果没办法确保对方不出卖自己，先出卖别人总是好的。就算两个人一起坐牢，也比只有自己坐牢强。

布里丹老师说道:"博弈论最初是运用数学方法,研究有利害冲突的双方在竞争关系下,是否存在自己制胜对方的最佳策略,以及怎样找出这种策略。博弈论从古至今,都在军事斗争和人为控制方面起到巨大作用。"

一位老师模样的女士笑着说:"诸葛亮就很擅长博弈论了。《隆中对》就是其对天下大势的分析,他提出了联吴抗曹的战略,便是典型的博弈策论。"

布里丹老师笑着回应道:"中国是四大文明古国之一,历史悠久。《孙子兵法》中早就有'知己知彼,百战不殆'的高论,更有'不战而屈人之兵'的策略。其作者孙武,其实就是著名的博弈策论家。"

张萌开口道:"所谓'下棋看三步',就是博弈的思维方法吧?"

布里丹老师点头:"不错,博弈思维法是思维方法里比较难把握的方法。因为它比较复杂,且具有理论上的多样性,以及行动上的一次性等特点。在决策之前,思维主体应尽可能预测事态发展可能出现的一切情况,具有前瞻性,在此基础上实施最佳方案。下面我给各位讲解一下博弈法的基本步骤。"

布里丹老师清了清嗓子,说道:"首先是诊断问题所在,确定目标,这才是实际操作的前提。就像医生给病人看病,必须先诊断一番,确定病因才能对症下药。如果你不知道问题出在哪儿,也不知道自己的行动目标,那一切思考和行动都是盲目的。"

"其次是探索和拟定各种可能的备选方案。在目标明确之后,就要围绕目标寻找各种可能的方案,并尽可能安全,因为每一种可能的方案都有可能成为最后的决策。最后是从各种备选方案中选出最合适的方案。"布里丹老师说道,"在生活中也常会用到博弈法，尤其是在决定重大事情之前，一定要注意权衡利弊得失，注重长远，既要善于选择，也要学会放弃。"

张萌说道："这其实就是一场心理的较量。就像打麻将的时候，老手常对新手大伤脑筋一样。因为对手如果不按常理出牌，自己费心地谋划也不会取得多大效果。"

"没错，博弈方法需要借助于一定的心理分析，"布里丹老师笑着说道，"参加博弈的双方，取胜的因素依赖于对对手的分析、估测。因此，估计对手的实力固然很重要，但根据双方以往交手的情况，揣摩对方现在的心理更为重要。"

布里丹老师看着若有所思的同学们，笑着说道："好了，各位，这节课就上到这里。希望还能有给各位上课的机会！"

大家都用最热烈的掌声送别了布里丹老师和他的驴。

第十三章
策梅洛导师主讲"深奥的逻辑之不堪一击的骗局"

本章通过三个小节,详细介绍深奥的逻辑,以及不堪一击的骗局。在生活中,不少读者都会碰到各种各样的骗局,如果上当,就表示逻辑思维还不够强大。基于此,本章使用通俗易懂且幽默风趣的文字,帮助读者避开生活中的骗局。本章适用于逻辑思维能力较弱,且渴望避免上当受骗的读者。

策梅洛 (Zermelo,1871—1953),德国数学家。公理集合论的主要开创者之一。策梅洛的主要贡献是集合论基础,1904年发表的论文不仅解决了 G.康托尔的良序问题,而且给出了选择公理(也称为策梅洛公理),它有上百种等价形式,几乎已应用于每一个数学分支,成为一个独立的研究领域。

策梅洛对物理、数学应用一直有浓厚的兴趣,在变分法、气体运动学等方面也有研究。

第一节　逻辑学是否包含骗局

今天中午，张萌在教室附近选了一家面馆吃饭，一个老人拿着一张彩票向她走来。老人对张萌说："小姑娘，你帮我看看这张彩票是不是中奖了？"张萌拿来一看，果然，老人中了一等奖，价值一千多万元！

张萌赶紧说："大爷，您中奖了，去彩票站兑奖就可以！"

老人摇摇头，说道："我不懂啊，这样吧，你给我五千块钱，我把彩票卖给你，你去兑奖吧。"

张萌一看，这么大的奖，于是连连摇头："不行啊，您这个中了一千多万呢，我不能占您这个便宜啊。"

老人很坚持地说："那五百，五百卖给你。"

看到老人的态度，张萌疑窦顿生，坚决拒绝了老人。隔壁桌的男人掏出五百块钱，过来把老人的彩票买走了。过不多时，男人气呼呼地回来了，一进门就嚷嚷道："那个老头呢？这张彩票是假的！骗走了我500块。"

张萌看了一会儿，赶紧回到了教室里准备上课。

刚进门，就看见了一位脸很小，戴着眼镜的老师站在讲台上。张萌有些歉意地对老师点点头，老师对她宽容地笑了笑："你好，我是策梅洛。我知道你为什么迟到了，因为你目睹了一场骗局的发生，对吗？"

张萌有些惊讶道："您怎么知道的？"

策梅洛老师调皮地一笑："我其实也在那家餐厅，而且，我这节课的内容也和诈骗有关。"

一位男同学有些疑惑地说："您不是要给我们讲逻辑学课程吗？这跟诈骗有什么关系呢？"

策梅洛老师笑着说道："很多人可能会说：'骗局不就是诈骗吗？诈骗应该属于犯罪学啊，为什么会算进逻辑学里？'诈骗属于逻辑学范畴吗？答案是肯定的，如果脑子好使，还会被骗吗？"

大家都笑着表示赞同。策梅洛老师接着说道："在一个骗子横行的时代，要想不被骗是一件困难的事情，但是也不是做不到，其实有一些手段能让你变得聪明，远离骗子。要想不被骗，那么首先要学会怎么识别骗局。"

一个女生性急地说："您快给我们讲讲吧！我经常被各种骗局骗到。"

"先别急，"策梅洛老师笑着说，"为了叙述地更准确，我先给各位对'骗局'做一个边界的限制：受骗者并未受到胁迫，如绑架或威胁等；受骗者并无其他过失，如受骗者没有把柄在骗子手里。"

策梅洛老师继续说道："刚刚步入社会的年轻人和老人占了受骗者的大多数。防止受骗的方法也很简单，就是'三勿一要'。'三勿'是指勿贪心、勿好色、勿轻信，'一要'是指要验证对方的信息来源。为什么这么说呢，因为我发现，几乎所有的骗局都是围绕贪心、好色与身份伪造而展开的。"

"您能给我们举个例子吗？"刚才说自己容易受骗的女生建议道。

策梅洛老师笑着说："就拿贪心来说吧。有个骗子曾对我说，自己有个朋友很富有，但现在被关在监狱里。由于各种原因，他那个朋友不能暴露身份，因此需要一个和他没有关联的人去保释他那个朋友。由于他那个朋友在监狱里不能拿到钱，因此让我帮忙交钱保释他，还许诺出狱后给我一大笔奖金酬谢。这样的'预付款骗局'其实是很常见的，想必各位也经常遇到'中奖骗局'吧？"

张萌点点头，她手机里总有各种提示她中奖的短信。

策梅洛老师说道："其实，只要你的逻辑思维能力足够强，那么识别'预付款骗局'的方法也很简单。当对方还没有和你建立起足够的信用的时候，一旦对方向你要钱，就可以认定这是一场骗局了。至于跟好色有关的骗局就更多了。"

策梅洛老师调皮地一笑："跟好色相关的骗局其实比较简单，因为它的原理就是人遇到美色的时候，智商就会降低。有些骗子会假装和受骗者保持暧昧，或者谈恋爱。在受骗者被迷得颠三倒四后，就开始编造各种借口借钱，最后销声匿迹，让受骗者人财两空。"

一个男生不以为然地说："都说谈恋爱的时候智商会下降，但是有人跟你要钱，你还不提高警惕吗？被骗的人真是一点逻辑思维都没有。"

策梅洛老师严肃地摇摇头："不是这样的，这类骗局其实很残酷。因为受害者往往在社会上得不到认可，但对爱情有所幻想，随后骗走的不仅仅是他的钱，更是他对社会的信任。识别这种骗局的方法：认准对方的社会身份，弄明白对方看上自己的原因。当然，你得先对自己的水平有一个客观的认识。"

"伪造身份的骗局我知道，"一个女生愤愤地说道，"我妈妈有个高中同学，就冒充教育局的人员，说能帮我打点，上一个好大学，结果骗了我家十多万。"

策梅洛老师笑着说道："心疼你一秒钟吧。其实，与伪造身份相关的骗局，相比前两者要复杂一些，毕竟，要让对方相信自己的身份往往要费一番功夫。利用受害者的亲情、同情心、好奇心等，依然可以获得不小的收益。其实，这种骗局也不难揭穿，只要多打听打听，像你这个，直接去教育局一问，真假立见。"

"那有没有很高深的骗局呢？"一个男生举手问道。

"当然，各位听说过'金字塔骗局'吗？这就是典型的拆了东墙补西墙，"策梅洛老师笑着说道，"这种骗局的运作规则，就是用后一批投资者的钱，支付给前一批投资者作为投资的利润。在此基础上一环套一环，直到最后崩塌。由于前一部分投资者确实拿到了回报，因此有人会相信这个骗局。"

男生点点头："确实很高端，那这类骗局的识别方法是什么呢？"

策梅洛老师笑眯眯地说道："不要觉得自己能轻易得到'内部消息'，既然是内部消息，你肯定是不会拿到的。也不要在对产品盈利方式不甚了解的情况下就盲目投资。"

第二节 猫鼠游戏越玩越乏味

"怎么会有那么多骗子啊，真讨厌。"一个女生一脸厌恶地说道。

一个男生认真地说："当然是因为有利可图啊，你想想，骗子不用本钱，来钱快，还能产生巨大的满足感和优越感。"

女生一脸嫌弃地说："骗人还能产生满足感和优越感啊？太变态了吧。"

策梅洛老师说道："不，这位男生说得很对。其实，骗子在第一次行骗时的感情可能是紧张和恐惧的，但后来会逐渐转化成刺激，变成金钱刺激和心理满足。然而，时间久了，骗子就会感到无比空虚，无比乏味。相信大家都看过莱昂纳多的电影《猫鼠游戏》吧？"

"当然啦，小李子的作品嘛。"大家都异口同声地回应道。

策梅洛老师笑着说："在电影里，莱昂纳多的形象百变，但这些都是阿巴内尔的缩影。阿巴内尔在现实中，是纽约一间文具店老板的儿子，母亲则是一位法国人。1965 年，年仅 16 岁的阿巴内尔因父母离异而离家出走。在纽约一间旅店里，他认识了几名机组乘务人员，从那时起，他就立志当一名飞行员。但与此同时，他不想花时间去上飞行课。于是，他弄来一套制服，再伪造一套证件，'飞行员'生涯就此展开。"

大家暗想，自己 16 岁的时候，大概都在看漫画、写作业。

策梅洛老师继续讲道："不久之后，他冒充泛美航空公司的飞行员周游了 50 个州、20 多个国家。如果飞机上的乘客知道飞行员中有他这么一位冒牌货的话，不把胆吓破才怪！阿巴内尔后来很快就意识到，如果你的表演足够逼真，人们几乎可以相信你说的任何事情。因此他的胆子也越来越大。后来他又伪造了医学院文凭，称自己是一家医院的夜班主管；再后来，他又摇身一变成了路易斯安那州大法官的助理。"

"他也过得太滋润了吧？"一个女生感慨道。

策梅洛老师摇摇头："骗人的代价，就是不能向任何人说出真相。阿巴内尔说，骗子的生活是孤独的，因为你不可能对其他任何人说真心话。有一次，阿巴内尔实在寂寞难耐，向他女朋友袒露了自己的真实身份。结果，他女朋友立马就向警方报了警，他只好逃之夭夭。"

张萌看过这篇报道，当阿巴内尔回忆起这段情缘时，他依然惆怅不已："我认识那么多人，只对她说过真话，但是她却背叛了我。我当时还是个小毛孩，你让我能怎么想？'看，这就是说真话的下场！你不能向任何人说出真相，如果你不是个医生不是飞行员不是律师，他们也不会对你另眼相看！'打那之后，我谁都不敢相信了。"

骗人的代价，就是不能向任何人说出真相。

图 13-1　代价

（见图 13-1）

策梅洛老师说道："大部分骗子的智商都很高，但时间长了，聪明人也会犯低级错误。当时，阿巴内尔通过各种途径，填写了假支票诈骗了超过 250 万美元的现金。为此，他被 FBI 列为头号通缉犯，同时也是 FBI 有史以来最年轻的头号通缉犯。在 FBI 探员口中，他是一个外号'天行人'的通天大盗。然而，法网恢恢，疏而不漏，21 岁的他终于被抓获。值得一提的是，现实生活中的阿巴内尔，被捕过程和电影版完全不同。"

一个女生兴味盎然地催促道："策梅洛老师，快给我们讲讲吧？我可喜欢看《猫鼠游戏》这部电影了！实际情况到底是怎么回事啊？"

策梅洛老师笑着说："实际情况听我慢慢道来。当时，阿巴内尔正藏身纽约。一天，两名正在快餐店里吃热狗的便衣侦探无意中瞥见店外有个人和他们追踪多日的阿巴内尔长得非常像，但又不敢确认。一位侦探情急生智，扯开嗓门大喊一声：'嘿，弗兰克！'听到有人叫自己，阿巴内尔下意识地回了头，就此中招。他自己也没想到，自己会被这样低级的错误骗了。他还自嘲地说：'这个例子可以证明，再精明的人有时也会犯很低级的错误。'"

"事实上，阿巴内尔的逻辑思维是很缜密的，但 FBI 调查小组同样不差，"策梅洛老师说道，"当时，约瑟夫·谢伊花费了好几年寻找弗兰克，最终才发现弗兰克不是个成年人，只是个孩子。最后，阿巴内尔才被 FBI 逮捕。FBI 逮捕了他，把他关押在蒙彼利埃警察局。经过短暂的审讯，弗兰克承认，但拒绝透露任何关于他的罪行的具体信息。但他还是受到欺诈等多项罪名指控，被关进了臭名昭著的监狱里。"

一个女生说道："唉，真可惜，这么聪明，还这么年轻就去坐牢了。早知道这样，当初干吗要去当骗子呢？"

策梅洛老师说道："也并非如此。坐了 5 年牢后，阿巴内尔在其 26 岁那年获得了提前假释。随后，阿巴内尔做了很多工作，但最后都因自己的前科被解雇。一段时间后，弗兰克开始感到沮丧，因为他了解他的才华，他必须找到一个方法来推销自己。令人惊讶的是，正是捕获他的人给他提供了第二次机会。美国联邦调查局需要利用他的经验和知识，以便更好地逮捕罪犯，也算是他用自己的力量赎罪了。"

张萌点点头，她在律师事务所的时候，也知道阿巴内尔不仅是弗兰克是世界上最具权威性的文件欺诈研究者，包括支票诈骗、伪造和贪污，而且还出版了几本书籍、手册和文章，并设计了世界各地的企业都采用的安全支票。

策梅洛老师笑道："当然，像阿巴内尔这样的还是少数。大部分骗子还是心术不正，且屡教不改的。因此，预防受骗的逻辑思维就显得格外重要。"

第三节　骗子的天敌，是逻辑思维

"防骗的逻辑思维？您快给我们讲讲吧，"一个女生面露愠色地说，"我前一阵子也被骗了！"

策梅洛老师说道："别急，我先给各位讲个故事。有一位姓赵的女士接到了一个电话，对方用很正规的口气告诉她中奖了，希望赵女士能提供给自己账号。赵女士猜到是骗子，但是想到有个不用的账户，里面只有几十元，于是就告诉了对方，打算看看对方要什么把戏。"

一位男同学说道："知道了对方要诈骗，应该就不会被骗了吧？"（见图 13-2）

图 13-2　被骗

策梅洛老师神秘一笑，说道："当赵女士的账户提供给骗子之后，对方很快打来了第二个电话，是让赵女士确认自己账户余额的。赵女士一查，天啊，果然多了50万元。赵女士彻底相信了，心想真是财神上门。过不多时，第三个电话打来了，对方在确认赵女士的账户里已收到这笔奖金后，就要求她将20%的税金转账给该公司代缴。赵女士立马给该公司的账户转去了税金。回家后，她迫不及待地把好消息告诉了她老公。结果，赵女士的老公却一拍脑门，说她说不定受骗了。"

"赵女士很疑惑，钱都到账了，还怎么骗？结果，她老公查询了这笔奖金是现金入账还是支票入账，查询结果是支票入账。赵女士的老公告诉她，骗子可能用一张支票存进赵女士的账户里，虽然余额会显示这笔钱，但赵女士却不能提取。只有三个工作日后，银行确定支票不会被退票才能真正被提取出来。果然，过两天后，银行通知赵女士说，这张支票被退票了。"

"这些骗局真是让人防不胜防啊！"张萌不由得感慨道。

策梅洛老师笑着说道："总之，诈骗就是以非法占有为目的，用虚构事实或者隐瞒真相的方法骗取财物的行为。由于这种行为完全不使用暴力，而是在一派平静甚至'愉快'的气氛下进行的，因此受害人的逻辑思维较弱，就较容易上当受骗。那么怎么防止诈骗呢？下面我来给各位具体介绍一下。"（见图13-3）

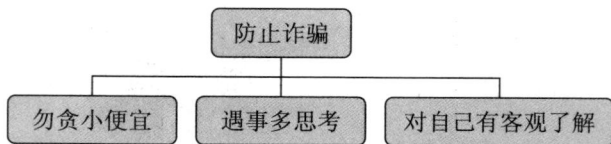

图 13-3　防止诈骗

"首先就是必须要有防止被骗的意识。中国有句话，叫'害人之心不可有，防人之心不可无'。当然，防人并不是谁都防备，也不是人心惶惶，而是要有这种意识。对于任何人，尤其是对陌生人，不要轻信或盲从。要清醒，不要因为对方说了什么好话，或者许诺了什么好处就轻信。要懂得调查和思考，在此基础上做出正确的反应。"策梅洛老师说道。

"其次是不要感情用事。大部分的骗局里，受骗者都因为对方是自己的'哥们''老乡''朋友'等受骗。要知道，诈骗分子的最终目的是骗取钱财，并且是在尽可能短的时间内骗走。因此，对于这些新认识的'落难者'，若对你提出钱财方面的要求，切不可被感情的表象所蒙蔽，不要因为感觉而缺乏理智。"

一位男同学说："那我们该怎样辨别这些真假朋友呢？"

策梅洛老师笑道："要学会'听、观、辨'，也就是'听其言、观其色、辨其行'，要懂得用理智去分析问题。最好能对比一下在常理下应做出的反应，如认为对方的钱财要求不合实际或超乎常理时，应及时向老师或保卫部门反映，以避免不应有的损失。"

"再次是要注意'能人'，"策梅洛老师继续说道，"对过于主动自夸自己有'本事'或有'能耐'的人，或者太热情地希望帮你解决困难的人，你要特别留意。就像我前面说的，那些自称能人的诈骗分子，大多会主动在你面前炫耀自己的'能耐'，说自己是如何了得，取得过什么成就。当你遇到这种人时，你应当格外注意，因为他很可能是一个十足的诈骗分子，而且正企图骗取你的信任，此时你的反应很大程度上决定了你此后是否上当受骗。"

刚才说被"能人"骗钱的女生用力地点点头："这回我可记住教训了。"

策梅洛老师笑了笑，接着说道："最后一点，就是不要贪小便宜。对飞来的'横财'和'好处'，特别是陌生人对你的许诺和诱惑，要经过深思和调查。要知道，天下没有免费的午餐，天下也不会掉馅饼，而地上却处处是陷阱。克服贪小便宜的心理，就不会对突然而来的'好处'欣喜若狂。对于这些'好处'，最好的防范是三思而后行。"

策梅洛老师强调道："总之，骗子的行骗过程可分为两个阶段：一是博得信任；二是骗取钱财。对于骗子和受骗者来说，第一阶段是最重要的阶段，也是骗子行为表现最为突出的阶段。虽然行骗手段多种多样，但只要各位保持逻辑思维，树立较强的反诈骗意识，克服不良心理，是完全可以避免上当受骗的。"

策梅洛老师愉快地对学生们笑了笑："好了，今天的课程就到这里了，祝大家今后不会上当受骗，都有一个清醒的头脑，希望我今天的课程对各位有用，再见！"

学生们纷纷站起来鼓掌，送别了这位可爱的逻辑学家。

第十四章
密尔导师主讲"逻辑、语言与人际沟通"

本章通过四个小节，详细介绍逻辑、语言和人际沟通间的关系。逻辑思维能力强的人，其人际沟通也会比常人更优秀。本章内容翔实有趣，作者加入了大量佐证，以及精美配图，让读者在轻松明快的氛围中与作者一起思考逻辑。本章适用于渴望改善沟通能力，提高逻辑思维能力的读者。

约翰·斯图尔特·密尔（John Stuart Mill，1806—1873），19世纪英国著名哲学家、经济学家、逻辑学家、政治理论家。旧译穆勒。西方近代自由主义重要的代表人物之一。早在英国维多利亚时代，密尔就因其鲜明的自由主义立场及对自由主义学说的清晰阐释而被称为"自由主义之圣"。

密尔在自由主义发展史上的重要性在于，他第一次赋予了自由主义完整而全面的理论形式，从心理学、认识论、历史观、伦理观等角度为当时已经达到黄金时期的自由主义提供了哲学基础。其父詹姆斯·密尔是边沁的哲学激进派重要人物。

第一节　改善人际沟通的法宝

张萌上了策梅洛老师的逻辑学课程后，只要遇到陌生人跟她搭话，就会不由自主地多了一层警惕。她明显地感觉到，自己比之前更警觉了。今天又是哪位老师带来精彩一课呢？

正想着，一位头发斑白，面容严肃的老人走上讲台来。这位老师的声音颤巍巍的，让学生们不由得产生一种担心。站定后，这位老人开口道："各位，咳咳，下午好。我是今天的逻辑学老师，密尔。"

"您还好吧？看您状态有些不好，还是休息一下吧？"一位男同学颇为关切地说道。

"不，我没事，咳咳，"密尔老师露出一个友善的微笑，"谢谢你。"

一个穿黑衣服，坐在角落里女生见状有些不屑，低声说道："拍马屁，在学校就是这样……"

密尔老师闻言皱了下眉头，说道："这位同学，这怎么叫拍马屁呢？这只是一个正常的关心，有人关心我的身体状况，我很感激，这有什么不对的吗？"

女生有些脸红，但还是嘴硬："我看呀，他就是在拍马屁。"

周围的学生都摇摇头，没有人接话。密尔老师见状，有些无奈地说："这位同学，想必你对人际关系还不甚了解吧。你这样很容易没朋友的。"

坐在角落里的女生继续反驳道："为什么要有朋友呢？我自己过得也很好，不想费那个劲儿去交什么朋友。"

密尔老师摇摇头，说道："当然，这是你自己的选择，我无权干涉。但人是社会性动物，恰如马克思所说：'人的本质并不是单个人所固有的抽象物，在其现实性上，它是一切社会关系的总和。'也就是说，人是不能脱离社会独立存在的，人的生活也是离不开交往的。"

刚才对密尔老师表示关心的男生看了坐在角落的女生一眼，说道："密尔老师，您给我们讲讲如何改善人际关系吧？"

密尔老师笑着说道："好，我也正有此意。改善人际关系，也是逻辑学中很重要的一课。人际交往能力，说白了就是在一个群体内，和他人和谐相处的能力。就像我刚才说的，人是社会性动物，如果离开社会，离开了其他人，那又会是怎样一番光景？当各位步入社会后，就会发现自己在不停与各种人打交道。在与人交往的过程中，你是否能得到别人的支持和帮助，就跟你的情商密切相关了。"

张萌也有意打开那位女生的心结，于是说道："是啊，一个人拥有怎样的人际关系，就关系着他未来的生活会有怎样的幸福。如果一个人拥有和谐融洽的人际关系，那他是幸福的；相反，如果一个人长期在僵硬紧张的人际关系中，那陪伴他的无疑是孤独。可见，人际关系影响着生活质量啊。"

密尔老师看出了张萌的好意，于是笑着说道："不错，虽然在交往过程中，我们每个人都有自己的思想观念和心理过程，但这些都不影响人际交往。尽可能强化正效应，克服负效应，这样才能提高人际交往的成功率，从而促进人际关系的健康发展。为达到这一效果，逻辑思维就显得尤其重要了。有些同学还不懂这

尽可能强化正效应，克服负效应，这样才能提高人际交往的成功率，从而促进人际关系的健康发展。

图 14-1　正效应

一点，总把自己在人际交往中遇到的问题归咎于别人，这样是不正确的。其实，处理不好人际关系的，责任多半在自己。"（见图 14-1）

坐在角落里的女生咬着嘴唇没有说话，但能看出她在思考什么。

密尔老师趁热打铁地说道："我这里还有几种方法，可以从逻辑学方面锻炼各位的思维，让各位提高情商，促进人际沟通。"

果然，坐在角落的女生把耳朵竖起来了。再看其他的学生也是一脸兴致勃勃的样子。

密尔老师说道："第一条便是要对人热情，要培养自己对人的兴趣。在与人交往的过程中，即便不优秀，但只要待人温柔热情，就能让对方产生好感。因为温柔热情，表示了你对对方的尊重和礼貌，这样别人也会对你礼貌和尊重。"

张萌点点头，是啊，伸手不打笑脸人嘛。

密尔老师继续说道："第二条便是要多考虑别人的需要。人际沟通的要诀之一，就是不会损害他人利益，最好还能帮助他人。同时，对于别人对你的帮助，一定要让对方知道你的感激之情。"

"第三条就是打破先入为主的观念。就像刚才这位同学，"密尔老师对坐在角落里的女生点了下头，"在你心里，已经把'对他人的关心'和'拍马屁'画了等号。这样就失去了客观公正理解他人想法的前提，是对别人很不公平，也是很不理智的。在人际沟通中，人人都有自尊，你希望别人怎样对待你，你就得先怎样对待别人。只有冲破偏见，才可能发现对方的本来面目，保证双方的交往顺利进行。"

坐在角落里的女生叹了口气，生硬地承认了自己的问题："是的，我人际沟通方面确实很差。也很对不起刚才那位男同学，抱歉。"

男生和密尔老师对她报以微笑，表示了谅解。密尔老师接着说道："逻辑思维不仅能提升你的智商，还能让你的提问妙语连珠，让对方无法招架。这种逻辑思维也是在生活和工作中十分重要的。"

第二节　提问的逻辑让你妙语连珠

密尔老师话音刚落，一个西装革履的男士就迫不及待地说道："太好了密尔老师，您快给我们讲讲吧，我是做销售工作的，经常为业务提问方面的问题苦恼不已啊。"

密尔老师笑着问："你是做什么工作的？"

男士挠了挠头，说道："我是一名保险销售员。"

密尔老师点点头："其实保险方面有一个很著名的销售法，叫 SPIN，这就是通过逻辑思维总结出来的一项非常实用的销售法。SPIN 是由尼尔·雷克汉姆带领一队研究小组分析了 35000 多个销售实例，历时 12 年，耗资过百万美元，横跨 23 个国家及地区并覆盖 27 个行业，终于研究出的销售法。而 SPIN 的提问模式，也用于挖掘对方的明确需求，就此开启了提问销售的大门，甚至

引发了销售界的革命。"（见图 14-2）

图 14-2　SPIN 销售法

这位西装革履的男士听得摩拳擦掌，不由连连催促密尔老师快讲。

密尔老师也不再卖关子，微笑地开了口："其实，SPIN 的意思很简单。S 是背景问题，如您的父母亲都健在吗？您的家里有防范风险的措施吗？P 是难点问题，如作为家里的顶梁柱，一定要有责任心和孝心。就算赚的钱不多，只要家人平平安安，有所保障，才证明顶梁柱的可靠。您诚实地告诉我，您是这样的顶梁柱吗？"

学生们暗暗咋舌，这种提问方式真是天衣无缝。

密尔老师继续说道："I 是暗示问题，如您父亲已经去世了，您还想让您的母亲没有保障吗？在乎眼前的小钱，失去以后的保障，您说这是孝顺吗？N 是价值问题，如其实保险就是一种投资。只要每年交 6000 元，就能得到 20 万元的保障。就算您已经有社保医保了，再加一份商业保险，生病就相当于赚钱了，您想想是不是这个道理。"

张萌看见很多穿正装的人都在做笔记，不由得感慨逻辑思维真是遍布生活的各个角落。

一位女同学举手说道："那么，这个 SPIN 的特点是什么呢？"

密尔老师说道："SPIN 是一种逻辑学策略，其特点是也按 S、P、I、N 划分为四点。第一，让客户说得更多；第二，让你更理解客户的想法；第三，让客户遵循你的逻辑去思考；第四，让客户对你的产品或方案感兴趣。"

那位西装革履的男士匆匆做好了笔记，然后说道："密尔老师，您能具体教我该如何提问吗？"

"当然可以，不如你上讲台来，我们来演示一遍。我是保险销售员，而你是客户。"密尔老师微笑地提议。

西装革履的男士摩拳擦掌地走上讲台，心想：看我怎么为难你。

密尔老师微笑地问道："请问您购买过社保吗？"

男士故意说道："我已经买了。"

密尔老师还是带着亲和的微笑，说道："很好，这证明您的风险防范意识很强，您真棒。您买社保的时候，想得肯定也是养老方面的问题吧，您为什么这么关注养老问题呢？"

男士想了想，说道："因为老了，不想成为孩子的负担。"

密尔老师说道："是啊，现在有孩子的压力都很大，以后还要买房子买车，然后还要养孩子，用钱的地方太多了，哪儿还有余力管得了咱们啊，您说是这个道理吗？"

男士仔细想了想，承认道："你说得对。"

密尔老师装作无意地问道："您知道购买社保，将来能领多少钱么？"

男士摇摇头说道："还真不太清楚。"

密尔老师拿出纸跟笔："我帮您算一下吧。按照您的缴费标准，月工资 3000 元，退休后可能也只能拿 1500 元左右。1500 块钱，您说一个月 1500 块钱能够基本生活费吗？老了还容易得病，现在一进医院成百上千挡不住，您说是吗？"

男士说道："是啊，现在医药费是挺贵的，但是社保能报销啊。"

　　密尔老师笑了笑："您确实挺了解的，但您知道吗？我同事的父亲，住院花了 15 万，有七八万都是自费的。"

　　男士说道："七八万自费？真的假的啊，社保不是 1300 元以上能报 90% 吗？"

　　密尔老师解释道："您知道吗？进口药和很多东西都是不在报销范围之内的。万一真的住院了，当子女的能不用最好的药吗？这一算，钱根本不可能少花。所以，人一老了就怕病啊，现在都一个孩子，一病就耽误孩子的时间，还要花一大笔钱。"

　　男士说道："可是我现在身体还行，万一不生病，这钱不就白交了吗？"

　　密尔老师微笑地说道："不会啊，现在我们有一款产品有病保病，没病养老……你看，这不就顺利引出了自己的产品了吗？"

　　密尔老师的提问方式顿时引来了学生们热烈的掌声。

第三节　说服的逻辑让你成为一句话高手

　　等学生们的掌声渐渐平息，密尔老师笑着说道："其实，无论是提问还是什么，目的都是说服别人。因此，说服的逻辑才是人际沟通中最重要的一环，如演讲、辩论，还有我们刚才说到的销售，目的都是说服别人。"

　　一位女生说道："我经常听演讲，觉得他们的话特别有说服力，您能告诉我这是为什么吗？"

　　密尔老师说道："总的来说，是逻辑让演讲者成为了说话高手。仔细来说，演讲面对的是特定的场地、特定的观众。此外，演讲者还会做大量的准备，这就有充足的条件，把自己的逻辑思维带到现场，继而成功地说服观众。具体点说，演讲的逻辑就是你有想法，然后把你的想法塞进听众的脑子里。"

（见图 14-3）

演讲的逻辑就是你有想法，然后把你的想法塞进听众的脑子里。

图 14-3　演讲的逻辑

学生们都笑了，这位女生再次提问道："我也可以跟演讲者一样口吐莲花吗？"

密尔老师肯定地说："当然，但是须胸中有沟壑，口中才能吐莲花。所以，积累知识和经验是很重要的事。一篇有说服力的稿子不是一下就能写出来的，思辨能力也不是一朝一夕养成的。你不能一个晚上就能想出深刻的问题，就算能想出来，也不能将思路组织起来。你必须不断扩展、删减，最后才能得出一篇满意的演讲稿。"

"要想顺利组织思路，逻辑思维是至关重要的，"密尔老师说道，"这就要求各位在生活中扩展思维的深度和广度，遇到问题多思考。例如，当别人都对苹果手机疯狂追捧的时候，你就会想，如果当初苹果公司投资了房地产，或者苹果公司突然垮掉了，这些疯狂赞美苹果公司的专家们，会不会立马得出和之前相反的结果？"

张萌举手示意道："那我们应该如何锻炼逻辑思维呢？"

密尔老师笑道："我的建议是养成做读书笔记的好习惯。当然了，就像我刚才说的苹果公司的例子，你可以把自己对'疯狂追捧'行为的见解写在纸上。遇到优美的句子也要记录下来。因为很多研究结果都表明，记忆中加入手写，会无意识地提高记忆。你可能没背下来要记的东西，但你写下来，可以通过手、眼、心三方的刺激，深入潜意识，改变说话习惯。"

一个戴眼镜的女生说道："是啊，记读书笔记还能培养你的成就感。就像集邮一样，几张邮票不会刺激你集邮，但如果你收集到几百张，惯性就会让你继续下去。同样，如果你记录了十几页读书笔记，就会发现自己难以自拔。"

密尔老师点点头，说道："是啊，刚开始，你只是在摘抄优美的句子。渐渐地，你会发现自己已经有所感悟，可以自己写出逻辑性很强，且能感染人的句子。"

"是的，"一位男同学说道，"我的老师也经常告诉我们，要养成动笔的习惯。用笔写在纸上，会让你的思维具象化、条理化，你的表达才会变得条理化。而且，你还可以在整理思路的时候，把别处优美的句子嵌套进去。日积月累，你的说服力就会大大增强了。"

密尔老师说道："各位都知道祸从口出。该说什么，不该说什么，只要形成了本能，就可能在演讲中脱口而出。因此，挑字眼是一个不错的办法。我一直认为，逻辑思维能力是可以通过趣味方式来提高的。例如，在读文章的时候，多挑一下文章中的逻辑问题。"

学生们都摩拳擦掌道："密尔老师，给我们举几个例子，让我们试试吧？"

密尔老师点点头："好吧。我来给各位说两段话，各位来比较判断，哪段话说得不妥。第一段：美国权威调查报告显示，美国全国范围内的 MIS 教授的平均薪水为 8 万美金。但是，MIS 博士在刚毕业的时候，只能担任教授里的助理教授。因此，在美国担任 MIS 教授的 MIS 博士平均薪水肯定低于 8 万美金。"

顿了顿，密尔老师接着说道："第二段话是，中国消费者协会的统计研究表明，今年向消费者协会投诉的案例只有 6000 万个，比去年减少了 50%，假设中国的法律政策在今年没有任何变动，厂商对待消费者的服务态度没有任何改变，又假设所有的消费者投诉必须通过中国消费者协会办理。所以这个统计说明，中国消费者协会的工作有了显著进步，令中国消费者的满意度在今年得到大幅提高。这两段话，哪个存在逻辑错误，请给出理由。"

密尔老师的话音一落，学生们就纷纷说道："第一段存在逻辑错误，因为太绝对、太片面了。"

密尔老师笑着说道："看来各位的逻辑思维能力真是不错，就像这样多加练习，在语言上就会减少漏洞，增加自己的说服力。"

第四节　泄密的逻辑让你鱼与熊掌都可兼得

密尔老师调皮一笑，说道："各位，中国是不是有句古话，叫鱼和熊掌不可兼得啊？"

学生们都点点头，张萌暗想，怎么这些老师都对中国这么了解。

密尔老师继续说道："中国的传统观念认为，事业与家庭是一种'零和游戏'，只能选择一头，没有办法两全，恰如'鱼和熊掌不可兼得'。其实不然，如果事业不好，对家庭也会产生影响；如果家庭后院起火，事业也会受到波及。因此，平衡事业与

家庭，做到顾此而不失彼，就成为幸福的关键。我们生活中有很多这样的情况。"（见图 14-4）

图 14-4　鱼和熊掌

"怎么才能同时得到鱼和熊掌呢？"一位男生问道。

密尔老师想了想，说道："这么说吧，在职场中，老板和下属的关系通常不会太好。因此，遇到一些难缠的员工，老板通常会费尽心思与之周旋，毕竟不可能因为出现问题就把对方开除。有些员工为了对自己错误的行为进行辩解，常常会给管理者设置一些障碍，甚至用诡辩的方式来责难对方，企图逃避惩罚。这时候该怎么办呢？"

密尔老师笑眯眯地看着学生们，张萌想了想，说道："既然是诡辩，其本身就在内容和逻辑方面存在矛盾或局限性，只要管理者抓住其中的漏洞，员工的诡辩就可以被轻而易举地破解。"

密尔老师赞许地点点头，说道："不错。我给各位讲个小故事吧。某公司的后勤主管最近很头痛，因为员工里有个'刺儿头'，总想跟领导对着干。公司规定是上班期间着装要整齐，不允许员工穿拖鞋工作。但这个'刺儿头'偏偏穿了双拖鞋来上班。后勤主管发现后，严肃地问：'公司三令五申禁止员工穿拖鞋上班，你为什么还这么穿？''刺儿头'反驳说自己没有穿拖鞋，穿的是皮鞋。"

讲到这儿，大家都露出了疑惑的神色。拖鞋和皮鞋还分不出来吗？

密尔老师继续说道："这时候，办公室里所有人的眼睛都集中到'刺儿头'的鞋上：原来，这双鞋是一双普通的平底软皮鞋，只不过，'刺儿头'把这个鞋子的头部剪掉了，并且把脚趾头全都露在了外面。这样一来，这双皮鞋看上去就跟拖鞋没什么两样了。'刺儿头'反而很恼火地说：'这难道不是皮鞋吗？就像一个人的胳膊断了，他还是人，而不是狗！'"

学生们都一愣，是啊，这个"刺儿头"说得好像没毛病。

密尔老师看着学生们的反应暗自发笑，然后慢条斯理说道："这个后勤主管也愣了一下，然后不紧不慢地说：'你的话好像很有道理，不过，你的辩解是错误的。皮鞋之所以是皮鞋而不是拖鞋，最重要的在于皮鞋有头部是封死的，不会露出脚趾，这就像一个人，如果他最重要的头部都没有了，那他还能叫人吗……'"

大家一听，不由得拍案叫绝。是啊，这个"刺儿头"的诡辩，其实在逻辑推理上是错误的。"人断了胳膊还是人，不是狗"这句话是没错的，但与"皮鞋断了鞋头部还是皮鞋"并没有什么关系。

后勤主管就敏锐地察觉到这个逻辑错误，并且把问题从人的胳膊转移到了人的头部。后勤主管设立了一个同样逻辑形式的诡辩，把"皮鞋的头部的功用"跟"像人的头部一样"放得一样重要。

既然人的头断了就不再是人，那皮鞋头部断了也就不再是皮鞋。

　　密尔老师笑眯眯地说道："仔细听对方的话语，厘清语言中的逻辑关系，抓住对方的漏洞，这样才会让对方输得心服口服。当然，这些能力来源于生活阅历。如果要了解别人话语里的漏洞，就要养成良好的逻辑思维习惯，理性地看待问题，避免感性的认知。只有这样，才能做到鱼和熊掌兼得。"（见图14-5）

　　"好了，各位。今天的逻辑学课程就上到这里了，有缘我们再见。"说完，密尔老师就在学生们的掌声中缓缓走下了讲台。

图14-5　仔细聆听

第十五章
塔斯基导师主讲"如何面对逻辑的生长和变动"

　　本章通过三个小节，详细为读者讲述应当如何面对逻辑的生长和变动，告诉读者应当如何培养注意力、观察力及创造力。只有把逻辑融入生活，才是真正读懂了逻辑学。因此，作者使用了幽默浅显的文字，帮助读者更好地寻觅逻辑思维的真相。本章适用于逻辑思维较弱，且集中力较弱的读者。

阿尔弗雷德·塔斯基（Alfred Tarski，1901—1983），波兰裔犹太逻辑学家、数学家、语言哲学家，后居美国，执教于加利福尼亚大学伯克利分校。华沙学派成员，广泛涉猎拓扑学、几何学、测度论、数理逻辑、集论、元数学等领域，专精于模型论、抽象代数、代数逻辑。

第一节　寻觅真相，全神贯注是第一要义

自从密尔老师讲完人际沟通方面的逻辑后，张萌就觉得自己与人相处顺利多了，而且言谈举止都更加理性、周密。看来逻辑思维对于每个人，尤其是对于一个律师来说，确实是一件非常重要的事。

张萌早早来到教室，坐了片刻后，一位鼻子很大的老师笑眯眯地走上了讲台。这位老师让张萌不由得想到了灾难片《2012》中尤里的扮演者扎拉科·布里克。

这位大鼻子老师一上来，就喜气洋洋地做了自我介绍："嗨，大家下午好啊！我是今天的逻辑学老师，阿尔弗雷德·塔斯基！"

"哦！我知道您，著名的塔斯基公理就是您发明的！"一位男生激动地说道。

张萌没有听说过塔斯基公理，但看着阿尔弗雷德·塔斯基老师就很渊博，跟那个拳击手尤里的气质完全不一样。

阿尔弗雷德·塔斯基老师笑着说道："我不知道各位来上逻辑学的原因是什么，但想必，每个人都有他喜欢的课程吧？有人喜欢政治，有人喜欢物理，有人跟我一样喜欢数学。那么，是什么吸引了你们，如此喜欢这些课程呢？"

学生们想了想，七嘴八舌地说道："就是喜欢呗，感兴趣！"

"没错，非常好！思想集中才有兴趣，我们都知道自己感兴趣的科目会读得更好。"阿尔弗雷德·塔斯基老师对学生们有些

敷衍的答案却显得格外满意。

"但兴趣可不是培养出来的。只有思想能在某科目上集中，才能产生兴趣，可以培养出来的是集中的能力，"阿尔弗雷德·塔斯基老师说道，"无论任何科目，无论这门科目和你的兴趣相差多远，只要你能对之集中思想，就能产生兴趣。如果你只拿着书，心不在焉地看几小时，还不如全神贯注地看上几十分钟。认为学习时间不够的学生，都是因为自己的集中力不够。就算是你们的高考，每天课后能全神贯注三小时也就足够用了。"

一个男生有些急吼吼地说道："阿尔弗雷德·塔斯基老师，应该怎样培养集中力呢？我就是集中力差。"

阿尔弗雷德·塔斯基老师笑着说道："要培养集中力也很简单。首先，要分配时间——读书的时间不用多，但要连贯，在明知会被打扰的时间就不要选择读书；其次，在不想读书的时候就离开书本，这样才不会在下次看书时产生烦躁感；最后，不要勉强自己读书，因为厌书是大忌。"

男生问道："怎么才算有集中力呢？"

阿尔弗雷德·塔斯基老师回答道："要记着，如果你集中在读书上，会发现读书所用的时间是很快的。在读书前先记下时间，然后开始静下心来读书或做功课。当你从读书中'清醒'出来时，如果发现时间超过了三十分钟以上，就代表你的集中力已有小成。如果能在每次读书时都完全忘记外物一小时以上，你就不用担心你的集中力了。"

张萌想起了自己的高考时光，不由也感叹道："集中力是一种习惯，如果平时就有良好的习惯，平时就注意细节，那任何时候都能高度集中精神。缺乏习惯，要做到集中注意力于一点，就极为困难。"

阿尔弗雷德·塔斯基老师点点头表示赞同。一位女生举手道："阿尔弗雷德·塔斯基老师，我平时真的很忙，连休息的时间都很少，又该如何养成习惯呢？"

阿尔弗雷德·塔斯基老师笑着说："其实，繁忙才是养成习惯的最佳时刻。你可以这样：即便碰到不关心的事物，也刻意地注意它。逻辑学上，把这种行为称为'有意图的注意'，或者叫'有意注意'。养成这种习惯，就能让你具备一种能力——一旦需要，就能做出准确的判断。"

一位男同学说道："狮子在抓兔子的时候，也总是迅猛出击，全力以赴。可见，做人做事也应该这样，即便是小事，即便是细节，或者是你不太感兴趣的事，都要全神贯注，全力以赴。不要一边敷衍看书，一边心猿意马，这样既学不好，又玩不好。"

阿尔弗雷德·塔斯基老师点点头，说道："不错。此外，具有敏锐的洞察力和深刻的注意力，因而随时能做正确决断的人，才称得上真正有能耐的人物。要做出正确判断，一是持正确的判断基准，二是对状况有深刻的了解。"

阿尔弗雷德·塔斯基老师顿了顿，继续说道："在生活、工作中训练，'有意注意'会慢慢变成一种习惯。只有注意力、观察力和创造力都得到提升，才能培养出你的逻辑思维。"

"阿尔弗雷德·塔斯基老师，什么是注意力、观察力和创造力啊？该怎么培养呢？"一位女生不由得提问道。

阿尔弗雷德·塔斯基老师笑了笑："别着急，这就是我接下来要给各位讲解的内容——"

第二节　注意力、观察力、创造力

　　阿尔弗雷德·塔斯基老师继续说道："在我教给各位练习观察力和注意力的方法之前，先问大家几个问题吧。各位是不是经常走在大街上，却对刚走过照面的人失去记忆？忘了他穿什么样的衣服，脸上有没有什么特征？是不是想向别人介绍一部电影时，却说不出来？是不是经常对眼前的事物视而不见？"

　　看着拼命点头的学生们，阿尔弗雷德·塔斯基老师愉快地笑了："没事，这些是大多数同学都容易犯的一个毛病，为什么呢？那是因为没有养成观察事物的好习惯。经常进行观察力的练习可以帮助改善你的注意力。"

　　刚才的女生说道："阿尔弗雷德·塔斯基老师，到底该怎样练习注意力和观察力啊？"

　　阿尔弗雷德·塔斯基老师笑着说："首先，你要了解它们的定义。注意力和观察力，实际上就是一种获取外界信息的能力，也是智力的组成部分。一个观察力很强的人，通常能从细枝末节中发现奇迹。例如，苹果落地，还有水蒸气掀开锅盖，这些都是日常现象，但牛顿和瓦特却能从中发现和发明万有引力定律与蒸汽机。而观察力——"

　　"就像《福尔摩斯探案全集》一样。在福尔摩斯第一次与华生见面时，就立刻辨别出华生是一名去过阿富汗的军医。福尔摩斯为什么能够那么快地辨别出来面前的这个人就是一名军医呢？

就是因为他有出色的观察力！"一个男生打断了阿尔弗雷德·塔斯基老师的话。

阿尔弗雷德·塔斯基老师没有责怪男生的失礼，反而肯定道："不错，正是敏锐的观察力使得福尔摩斯能够迅速地辨别出一个人的职业、经历。福尔摩斯之所以能够很快地破那么多案子，决定因素之一就是他敏锐的观察力。观察力的敏锐程度决定了从一个人身上得到的信息的多少。只有敏锐的观察力才能尽可能多地将一个初次见面的人的信息更好地把握住。"

刚才的女生着急地说道："阿尔弗雷德·塔斯基老师，您快讲讲，到底该怎样培养注意力和观察力吧！"

阿尔弗雷德·塔斯基老师摆摆手表示安抚，笑着说道："好，其实，要锻炼注意力和观察力也很容易。只要从身边的事物、所处的环境，以及人物的特点着手即可。例如，你突然发现，自己一个朋友的眼睛是内双；再如，你发现今天路上的车辆突然变少了；又如，你发现后排第二个同学其实是个左撇子，等等。"

"您是说，只要看到这些，就能提高注意力和观察力吗？"

阿尔弗雷德·塔斯基老师笑笑说："注意力和观察力是一种用心的行为，而非随随便便地'看'。观察一个楼梯，你可以算它的级数、高低，光是看的话，你可能只是记得：它是一个楼梯。在初练注意力和观察力时，最好养成有意识地观察。针对一个平凡无常的事物，你应有意地、细微地观察它所具有的特征，注意常人难以发现的地方。再有，通过对比也是训练注意力和观察力的好方法。"

张萌点点头："不错，如今天和昨天的家具摆放，以及股市有什么变化，仔细观察，然后对未来的趋势做一个推测。长此以往，便可以训练出潜意识的观察能力。对于事物，做到习惯性地观察，就能培养出优秀的观察力和注意力。"

阿尔弗雷德·塔斯基老师笑着表示赞同，然后说道："至于创造力，则是更高一层的能力。因为创造性思维不是与生俱来的，这是真正通过后天培养而锻炼出来的。"

一位看上去有些书呆子气息的男生问道："创造力应该怎么培养啊？"

阿尔弗雷德·塔斯基老师说道："培养创造力的主要环节，就是激发人的好奇心和求知欲。只有对事物抱有好奇心和求知欲，才能提高创造思维能力。实验研究表明，一个好奇心强、求知欲旺盛的人，往往善于钻研，勇于创新。正因为这样，好奇心又被称为学者的第一美德。"

"那么，培养创造思维能力都要注意些什么呢？"一个学生问道。

阿尔弗雷德·塔斯基老师笑着说："首先一点，就是加强自主学习的独立性，保持好奇心和求知欲；其次要增强提问意识，在学习的过程中注意发现问题，提出问题，解决问题；最后要注重思维的发散，在解题练习中进行多解、多变。"

一位女学生说道："我是学心理学的，我们老师曾说：创造性思维是指思维不仅能提示客观事物的本质及内在联系，而且能在此基础上产生新颖的、具有社会价值的前所未有的思维成果。"

阿尔弗雷德·塔斯基老师点点头："创造性思维是人类的高级心理活动。创造性思维是政治家、教育家、科学家、艺术家等各种出类拔萃的人才所必须具备的基本素质。创造力是在一般思维的基础上发展起来的，它是后天培养与训练的结果。"
（见图 15-1）

阿尔弗雷德·塔斯基老师说："卓别林为此说过一句耐人寻

创造性思维是人类的高级心理活动。

图 15-1　创造性思维

味的话：'和拉提琴或弹钢琴相似，思考也是需要每天练习的。'因此，只要各位多加练习，就能有意识地培养自己的注意力、观察力和创造力。"

第三节　将逻辑融入生活，细节要处处留心

阿尔弗雷德·塔斯基老师拍了拍手，说道："刚才讲了这么多，其实无论是全神贯注，还是注意力、观察力和创造力，其最后的目的都是为了把逻辑融入生活。"

张萌问道："把逻辑融入生活，这些东西融入生活有什么用呢？"

阿尔弗雷德·塔斯基老师笑着说："当然，在生活中留心细节，可是十分必要的一件事。给各位讲个故事吧。某公司招聘高级主管，待遇很优厚，应聘者也很多，而且每个人都十分优秀。

在走廊的地上，有几张废纸被扔在那儿。但大家都从上面跨过去了，没有一个人弯下腰把纸捡起来。只有一个人，进门后看见地上的纸屑，皱着眉头把它们捡起来了。结果，这个人被公司录取了。"

"这是什么规定啊？"一些学生有些不解。

阿尔弗雷德·塔斯基老师笑着说："这个人之所以能成功入选，不是因为他比别人更优秀，而是因为在生活中能够留心，素日养成了一个好习惯而已。只有关注细节，在生活中处处留心的人，才能把握住生命中的机遇。因为机遇往往体现在细节中。"

一个男生抱怨道："这生活中哪有那么多机遇啊，看都看不见，怎么抓住呢？"

阿尔弗雷德·塔斯基老师微笑着说道："其实机遇就在我们身边，虽然它可能稍纵即逝，但总是有迹可循。一个有逻辑思维能力的人，会对机遇的来临特别敏感，只要生活中处处留心，就能找到机遇，抓住机遇。"（见图 15-2）

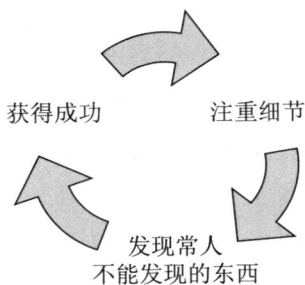

获得成功　　　　注重细节

发现常人
不能发现的东西

图 15-2　逻辑融入生活

男生挠了挠头表示不理解，阿尔弗雷德·塔斯基老师举了个例子："曾经，有位年轻人到某公司应聘职员，应聘的职位是物品采购员。面试官经过一番测试后，留下了这个年轻人和另外两名优胜者。而面试的最后一道题目是：公司派你采购 2000 支铅笔，你需要从公司带去多少钱？"

阿尔弗雷德·塔斯基老师顿了顿，接着说道："第一名应聘者的答案是 120 美元。主持人问他是怎么计算的，他说："采购 2000 支铅笔可能要 100 美元，其他杂用就算 20 美元吧。"第二名应聘者的答案是 110 美元。对此，他解释道"2000 支铅笔需要 100 美元左右，另外可能需要 10 美元左右。"对于这两个答案，面试官没有给出自己的看法。"

"最后，轮到这位年轻人。他的答卷写的是 108.3 美元。这位年轻人说：'铅笔每支 5 美分，2000 支是 100 美元；从公司到这个工厂，乘汽车来回票价 4.8 美元；午餐费 2 美元；从工厂到汽车站为半英里，请搬运工人需用 1.5 美元。因此，总费用为 108.3 美元。'面试官露出了会心的微笑。"阿尔弗雷德·塔斯基老师说道。

阿尔弗雷德·塔斯基老师的话音刚落，张萌便猜到了："您说的是大名鼎鼎的卡耐基的故事，对吗？"

阿尔弗雷德·塔斯基老师点点头："没错，在生活中，我们经常会忽略一些小小的信息，但只有细微之处才能见真章，就看你够不够用心去发掘了。而生活对每个人来说都是平等的，机遇就在这些毫不起眼的细节中等你探索。"

张萌想到前辈的一句话，于是脱口而出："最成功的人不一定是最聪明的人，但一定是精明的人，是有眼光看准时机、抓住机遇的人，他不会错过那条通往成功的密径。"

阿尔弗雷德·塔斯基老师说道："没错，这句话说得太好了。记得中国在战国末期，有位伟大的思想家叫韩非子，他在《韩非子·喻老》中，就用'千里之堤，毁于蚁穴'这样的句子，警告大家注意细节的重要性。"

一位女同学问道:"都说细节很重要,那什么才能叫细节呢?"(见图 15-3)

图 15-3　细节

阿尔弗雷德·塔斯基老师笑着说:"细节,首先的特点就在于小。这就要求各位做事不要好高骛远,要贴合实际,不要想着一步登天。中国还有句古话,叫'一言兴邦,一言毁邦',虽然有些夸大其词,但这也说明了细节的重要性。有人听过'烽火戏诸侯'的故事吗?"

学生们都表示听过。

阿尔弗雷德·塔斯基老师说道:"作为一国之君,周幽王为了博取褒姒一笑,竟然点燃烽火戏耍诸侯。虽然随后国家的灭亡还有其他的人为原因,但正是'烽火戏诸侯'这个细节,才直接引发了该国的覆灭。诸侯不再相信周幽王,周幽王的话也不再有价值。东汉有一位著名的政治家薛勤曾说过这样一句名言,叫'一屋不扫,何以扫天下',这都说明了细节的重要性。"

"在现实生活中，细节的重要性更是数不胜数。人们常说'千里之行，始于足下'，这句话的意思也是让各位注意，万丈高楼平地起。很多时候，都是看花容易绣花难，很多事情的成功都体现在细节的功夫上。没有脚下一步一步的行走，就没有千里之外的目的地。"

学生们若有所思地点了点头，阿尔弗雷德·塔斯基老师笑眯眯地说道："好了，各位，今天的课程就上到这里了。希望大家都能通过逻辑思维让生活更美好！"

大家拼命地鼓掌，送别了这位可敬的逻辑学家。

第十六章
诺依曼导师主讲"逻辑怎样定义全世界"

　　本章通过三个小节，为读者讲解逻辑应当如何定义全世界，讲解头脑风暴的作用。本章是全书的最后一章，阅读全书后，读者的逻辑思维也会有一定的提高。因此，作者使用轻松幽默的文字，与读者一起倘徉在逻辑学的海洋。本章适用于创新能力与开发能力较弱的读者。

约翰·冯·诺依曼（John von Neumann，1903—1957），原籍匈牙利，布达佩斯大学数学博士。20 世纪重要的数学家之一，在现代计算机、博弈论、核武器和生化武器等领域内的科学全才之一，被后人称为"计算机之父"和"博弈论之父"。

　　先后执教于柏林大学和汉堡大学，1930 年前往美国，后入美国籍。历任普林斯顿大学、普林斯顿高级研究所教授，美国原子能委员会会员，美国全国科学院院士。早期以算子理论、共振论、量子理论、集合论等方面的研究闻名，开创了冯·诺依曼代数。

　　主要著作有《量子力学的数学基础》（1926）、《计算机与人脑》（1958）、《经典力学的算子方法》《博弈论与经济行为》（1944）、《连续几何》（1960）等。

第一节　头脑风暴连接起逻辑思维的奇妙世界

不知不觉，今天已经是最后一堂逻辑学课了。张萌带着期待和不舍，早早来到了教室。

一进教室，张萌就看见讲台上有一个西装革履的老师在备课，而学生们也都早早地到了教室。两个男生正在兴奋地讨论着一个名字——冯·诺依曼。

冯·诺依曼？张萌仔细想了想，哦！他是20世纪重要的数学家之一，也是"计算机之父"和"博弈论之父"。没想到，今天竟然是他来压轴。

冯·诺依曼老师看了看满堂的学生，笑眯眯地说道："大家今天来得真早，太给我面子了。我是今天各位的逻辑学老师，约翰·冯·诺依曼。"

一个男生激动地说道："您就是我的偶像啊！我是计算机专业的，您是我们心里的传奇人物！"

冯·诺依曼老师谦虚地笑了笑："请别这么说，我并没有那么厉害。你应该知道中国有句古话，叫'三个臭皮匠，顶个诸葛亮'，你们比臭皮匠肯定是睿智多了，我也不如诸葛亮神机妙算。因此，各位只要出三个人，就能比我睿智了。"

大家都笑了，气氛十分轻松。

但是男生摇了摇头："您在逻辑学、计算机和数学方面取得太多成就了，我们怎么能跟您比呢？"

冯·诺依曼老师笑着说："怎么就不能比呢？只要运用头脑风暴就可以了！"

一位女同学有些疑惑："什么是头脑风暴啊？"

冯·诺依曼老师笑着说："当一群人，对于一个特定的领域集思广益，并产生新的观点时，这种情境就称为头脑风暴。其实，头脑风暴是很好用的。由于群体讨论时，头脑风暴没有规则的束缚，人们能更自由地思考，也更容易进入思想的新区域，因此能得到更多的解决方案。"

"头脑风暴没有规则吗？"

冯·诺依曼老师回答道："不可能完全没有规则，世界上没有这么绝对的事情。头脑风暴必须坚持当场不对任何设想做出评价的原则。不能肯定也不能否定，也不能发表评论性的意见。当参与者有新观点时，就大声说出来。这样做一方面是为了防止评判约束与会者的积极思维；另一方面是为了集中精力先开发设想，避免把应该在后阶段做的工作提前进行，影响创造性设想的大量产生。"（见图 16-1）

图 16-1　头脑风暴

一位男同学赞叹道："真不错啊，头脑风暴没有条条框框的限制，所以参与者的思想就能放松自由，就能从不同的角度展开大胆的想象，肯定会有很多标新立异、与众不同的想法被提出来。这也是一种集体开发创造的思维方法啊。"

冯·诺依曼老师笑着说："不错，头脑风暴可以分为直接头脑风暴和质疑头脑风暴。直接头脑风暴是在专家决策基础上，尽可能发挥想象力，产生更多设想；质疑头脑风暴则是对前人提出的设想逐一质疑，继而发现可行的方法。"

一个女生有些怀疑地问道："可是，说得多不如说得精，我还是觉得由专家讨论出来的结果会更有用。"

冯·诺依曼老师摇摇头："专家也经常进行头脑风暴，但跟你说得恰恰相反。头脑风暴的目标是获得尽可能多的设想。所以，相比追求质量，它更要求数量。头脑风暴要求每名参与者都抓紧时间思考，多提出自己的想法。讨论的核心目的就是一网打尽所有可能的观点，浓缩观点清单是以后的事情。如果头脑风暴结束时有大量的观点，那么发现一个非常好的观点的概率就会大大增加。至于质量如何，可以留到结束后讨论。"

女生接着问道："那为什么不允许评价呢？有些不可行的内容，直接说不行不就好了吗？为什么还要费功夫记录下来呢？"

冯·诺依曼老师说道："你想想看，头脑风暴要求集思广益，数量越多越好。由此可见，它是一项高耗能的活动。对观点进行即时的评估，一定会占用珍贵的脑力，而且影响参与者的心情。为什么不把脑力用在更有价值的观点产生上面呢？"

冯·诺依曼老师接着说："头脑风暴作为一种极为有效的思维方法，其创造性活动可谓是意义非凡。但说到出主意，大家都是闭嘴容易张嘴难。因此，一个异想天开的方法就极为难得。"

"异想天开不就是幻想吗？这有什么难得的呢？"

冯·诺依曼老师笑着说："举个例子吧。一家蛋糕厂为了提高效率，对'如何让核桃裂开但不破碎'的观点开了一次小型头脑风暴会。会议上，大家提出了上百条想法，其中有一个人说：

'培育一个新品种，这种新品种在成熟时，自动裂开。'大家都觉得是天方夜谭，但有人利用这个异想天开的思路继续思考，想出了一个简单有效的方法：在外壳上钻一个小孔，灌入压缩空气，靠核桃内部压力使核桃裂开。问题解决。"

看着学生们赞同的神色，冯·诺依曼老师趁热打铁道："所以，越疯狂的点子，就越要给予鼓励。不要害怕，只要你脑中有闪过的想法，就大声说出来吧。不管可不可行都说出来，看它能引出什么超赞的点子。在头脑风暴中，说出来的点子，就是好点子。"（见图16-2）

在头脑风暴中，说出来的点子，就是好点子。

图 16-2 想出点子

第二节 被打开的"心锁"

冯·诺依曼老师调皮一笑："对了，我昨天看了一部电视剧，里面的男主角对女生说：'是你打开了我的心锁。'这句台词也让我感动了很久。"

大家都露出坏笑的神色，冯·诺依曼老师正色道："其实，我也有心锁，各位也有。我们的心锁，其实就是我们的固有思维。逻辑学，就是一把能打开心锁的钥匙，让我们不再被传统的思维

所束缚，让我们的生活更美好。"（见图 16-3）

图 16-3　心锁

"您好像逻辑学的推销员，"一个女生笑着说道，"您能给我们举个例子吗？"

冯·诺依曼老师笑着说道："当然可以。有两个人去森林打猎，正在全神贯注之际，一只大黑熊朝他俩跑过来。两个人都惊慌失措了，但其中一人很快冷静下来，并且蹲下把鞋带系好。另一人惊讶地问：'你把鞋带系好有什么用？你以为你能跑过这么大的黑熊吗？'系鞋带的人说道：'当然跑不过，但我只要跑过你就行了。'说完就跑远了。"

大家都笑了，好绝情，但是却很有道理。

冯·诺依曼老师接着说道："故事有点跑偏，但是道理是一样的。如果学好逻辑学，就能在残酷的生存竞争中，知道谁才是你真正的竞争对手。有时候，不一定让你干得比敌人好，但至少要比其他同事强。"

张萌开口道："我知道在阿尔及尔地区的长拜尔，有一种猴子非常喜欢偷吃当地农民的大米。当地农民就根据猴子的贪婪，发明了一种捕捉猴子的方法。农民在细颈瓶里装满大米，系在树上。猴子看见瓶子里的大米非常高兴，就伸爪进去抓大米。但是它抓满大米就意味着握紧拳头，爪子也就拔不出来了。猴子贪婪，不放开大米，只能等着人们把它抓走。"

另一个学生说道:"这有什么启示呢?人比猴子要聪明多了。"

张萌点点头:"是啊,人自然比猴子要聪明。但如果把大米换成金钱、美女和权力呢?恐怕上当的就是人了。"

冯·诺依曼老师笑着点点头:"不错,从故事中发现对自己有益的启示,这就是逻辑学美妙的功效。我也听过一个故事:一天,狼出去找食物,找了半天一无所获。当它经过一户人家时,听到一个老妇在哄哭闹的孩子:'别哭了!再哭把你扔出去喂狼!'于是狼大喜,蹲在窗户底下等着。过了很久,老妇也没有把小孩儿扔出去。刚准备站起来看看里面什么情况时,只听见老妇又说:'乖,快睡吧,狼要是敢来,我就用手里的斧子砍死它。'"

大家都笑了,表示听过这个故事。冯·诺依曼老师说道:"有时候,别人只是信口开河,但说者无意,你却听者有心,信以为真,全然不知人家只是说说而已。自己一惊一乍,胡乱猜想,乱了阵脚,甚至连正常的工作和生活都因为别人的话而改变了,简直是得不偿失。如果你懂一点逻辑学,就不会在这种痛苦之事里沉沦不前了。"

"那我们应该如何提高自己的逻辑能力呢?"

冯·诺依曼老师笑着说:"之前的逻辑学老师们也给你们讲了吧?每个人提高逻辑思维能力的方法都不同,但归根结底都是一样的。对我来说,我会提高自己的记忆方法。因为只有记忆力提高,才能让别的能力同时提高。"

"怎样才能提高记忆力呢?"

"首先改变你的记忆方式,"冯·诺依曼老师说道,"其实,图像记忆法和理解记忆法加上死记硬背,就能最大限度地提高你的记忆力。图像记忆法是从眼睛提高,让你有印象;而死记硬背的作用则是提高你的词汇量,保证你在跟同一领域的人交流时,能够没有障碍。只有当你的词汇量达到一定程度并基本涵盖你所处的领域时，才能进一步提高你的逻辑思维能力。"

"您能具体点告诉我们怎样做吗？"一位男同学挠了挠头发说道。

冯·诺依曼老师点点头："你可以每天问自己 10 个问题，这些问题可以是书本上的，也可以是现实生活中的。问完之后，你要尝试回答问题，并把答案在大脑中变成图片。这时，你就拥有了提高逻辑思维能力的能力了。"

"除了记忆力的培养外，还要注意加强自己的因果联想能力，"冯·诺依曼老师说道，"由于我们日常工作都有连续性的特点，从逻辑学上看，这些联系就是记忆活动的基础。你完全可以根据眼前的事推出一些之后会发生的事，然后预先做出判断。也就是说，每当我们需要解决某件事时，不妨先认真分析其因果关系。慢慢地，你就会发现自己解决问题的能力有了很大的提高。之后，你就会更加胸有成竹地判断和解决日常工作和生活中的难题了。"

学生们赞同地鼓起掌来。冯·诺依曼老师接着说："其实，我们每个人都有很大的潜力，而逻辑就是打开潜力的金钥匙。下面，我来给各位具体讲解一下——"

第三节　运用逻辑这把"金钥匙"打开你的潜力

冯·诺依曼老师继续说道："很多人都感觉逻辑是虚无缥缈的东西，也不知道逻辑学到底有什么意义。逻辑学既不像艺术那样陶冶情操，又不像科学和数学那样精确。但逻辑学却贯穿于工作和生活中，只要你发现逻辑学的魅力，就会难以自拔。"（见图 16-4）

逻辑学贯穿于工作和生活中，只要你发现逻辑学的魅力，就会难以自拔。

图 16-4　金钥匙

张萌举手道："我知道逻辑学对个人很有用，但对社会发展有什么意义呢？"

冯·诺依曼老师点点头："当然。就拿科学和数学来说吧，这两个是推动社会发展的学科，论证的工作量非常大。因此，它们特别需要分工协作。若想让人与人之间的沟通没有障碍，就需要强烈的逻辑性语言，才能让彼此了解对方的意思。用那种诗情画意的艺术语言是行不通的，因为会导致'仁者见仁，智者见智'。所以，逻辑学在里面的作用就是规范语言，消除言辞之争，把知识建立在公理上。"

"哦！我明白了，"张萌点点头说道，"有了公理，全世界的人就能一起想问题了。就算你是英国人，他是美国人，我是中国人，虽然我们说着不同的家乡话，但我们学得是同样的数学、同样的物理、同样的化学。我们研究出的结果，你们也可以拿去作为工具研究。近代的科学走向发达，逻辑学功不可没啊！"

冯·诺依曼老师笑着说道："不错。如果你不懂逻辑，就会让自己吃亏。例如，中国有部《韩非子》，里面有这样一个故事。一个楚国人，既卖矛，又卖盾。他先夸自己的盾很坚硬：'世上没有任何东西能刺穿我的盾。'然后又夸自己的矛：'我的矛能穿破任何东西。'于是有人质问他："'用你的矛,去刺你的盾,会怎么样呢?'"

大家都笑了,"以子之矛,攻子之盾"的故事,是孩子们自小就耳熟能详的故事。

冯·诺依曼老师说道:"自然,楚人是无法回答这个问题的。我们嘲笑这个卖矛与盾的楚国人,但其实,我们在生活中经常做这个可笑的楚国人。一方面,家长强烈要求学校对孩子进行素质教育;另一方面,他们又十分注重孩子的考试成绩如何。一方面,我们骂那些以权谋私的特权者;另一方面,我们又强烈地渴望成为特权者。"

大家都沉默了,冯·诺依曼老师说得没错,生活中自相矛盾的事情太多。

一位女同学举手问道:"冯·诺依曼老师,那我们能运用逻辑解决一些问题吗?逻辑学的实用性有什么呢?"

冯·诺依曼老师想了想,说道:"我给各位讲个故事吧。著名作家马克·吐温在某次酒会上,对记者说道:'美国国会中有些议员是蠢才。'后来,他不得不在《纽约时报》上刊登道歉启事。这篇道歉启事很有意思,他说:'美国国会中有些议员不是蠢才。'这是一个极具逻辑性的回答。这个结构是否定判断,从判断关系中可知'有些 X 是 Y'与'有些 X 不是 Y'是同真的。也就是说,他这两句话都是真的,不存在谁推翻谁。这样,马克·吐温就在所谓的道歉启事中,既不违背自己的意愿,又给了对方一个答复。"

张萌想了想,也给出一个例子:"有一次,我表姐去时装店买衣服,问售货员:'这件时装是现在最时髦的款式吗?'售货员说:'是的!这是现在最流行的时装!'我表姐说:'太阳晒了不会褪色吗？'售货员肯定地说：'当然！这件衣服在橱窗里都挂了三年了，到现在还像新的一样。'这个售货员的回答就是自相矛盾的。我表姐就是运用逻辑学来试探生活中的真假，继而揭穿谎言。"

冯·诺依曼老师赞叹道："很多时候，女人的智慧更让人由衷敬佩。在《福尔摩斯》中，有一段对福尔摩斯断案的细节描写也十分引人入胜。'这是一件谋杀案。凶手是个男人，他六尺多高，正当中年……穿着一双粗皮方头靴子，抽的是印度雪茄烟。'我（华生，福尔摩斯的助手）说：'福尔摩斯，你真叫我莫名其妙。刚才你说的那些细节，你自己也不见得像你假装的那样有把握吧。''我的话绝对没错。''……其中一个人的身高你又是怎样知道的呢？'"

冯·诺依曼老师看了看同学们疑惑的表情，揭开了谜底："'一个人的身高，十有八九可以从他步伐的长度上知道。我是在黏土地上和屋内的尘土上量出那个人步伐的距离的。接着我又发现了一个验算我的计算结果是否正确的办法。大凡人在墙壁上写字的时候，很自然会写在和视线相平行的地方。现在壁上的字迹离地刚好六尺。假若一个人能够不费力地一步跨过四尺半，他决不会是一个老头子。小花园里的通道上就有那样宽的一个水洼，他分明是一步迈过去的，而漆皮靴子却是绕着走的，方头靴子是从上面迈过去的。我还从地板上收集到一些散落的烟灰，它的颜色很深而且是呈片状的，只有印度雪茄的烟灰才是这样的。'"

大家都对福尔摩斯产生了由衷的敬佩，敬佩之余，也不由感叹逻辑学的精妙伟大。

"逻辑学对于生活来说，就像是生命之源，饭菜之盐。如果生活中没有了逻辑，就像是生命失去了规则和定律一样混乱，就像每日食之无味的饭菜让人胃口大减。逻辑也有点像随处可见的水，不显眼，很容易被忽略，但人人都离不开它。希望各位都能运用好逻辑学这把'金钥匙'，让逻辑学打开各位的潜力之门！"

学生们纷纷站起来，用最热烈的掌声送别了这位可敬的逻辑学家，张萌的掌声尤其响亮。在大家的掌声中，冯·诺依曼老师鞠了一躬，走下了讲台。

[1] 亚里士多德. 亚里士多德全集 [M]. 苗力田，译. 北京：中国人民大学出版社，1990.

[2] 张峰. 论培根归纳逻辑 [J]. 辽宁大学学报（哲学社会科学版），2008（02）.

[3] 刘邦凡，欧阳贵望. 论古典归纳逻辑的科学认知功能 [J]. 燕山大学学报（哲学社会科学版），2006（04）.

[4] 张志林. 休谟因果问题的重新发现及解决 [J]. 哲学研究，1998（05）.

[5] 刘靖贤，陈波. "弗雷格：逻辑和哲学" 国际研讨会综述 [J]. 哲学分析，2012（03）.

[6] 刘东. 克里普克论知识悖论 [J]. 自然辩证法研究，2012（09）.

[7] 伯特兰·罗素. 逻辑与知识 [M]. 苑莉均译. 北京：商务印书馆，1996.

[8] 杜国平. 罗素悖论研究进展 [J]. 湖北大学学报（哲学社会科学版），2012（05）.

[9] 亨利希·肖尔兹. 简明逻辑史 [M]. 张家龙译. 北京：商务印书馆，1977.

[10] 石岩. 腾讯公司盈利模式研究 [D]. 北京化工大学，2014.

[11] 周吉光，张举钢，闫军印，等. 技术进步是破解能源—环境约束的良方吗？：对杰文斯悖论的理论研究观察 [J]. 河北地质大学学报，2017（05）.

[12] 高航. 提高侦查效率的逻辑方法：奥卡姆剃刀 [J]. 武汉公安干部学院学报，2014（02）.

[13] 埃德蒙德•胡塞尔. 逻辑研究 [M]. 倪梁康，译. 上海：上海译文出版社，2006.

[14] 张浩军. 从形式逻辑到先验逻辑 [M]. 北京：首都师范大学出版社，2010.

[15] 徐东梅. 逻辑哲学论：逻辑本体论与逻辑方法论 [J]. 淮阴师专学报，1992（04）.

[16] 徐国柱. 关于形式逻辑中的几个问题 [A]. 逻辑学文集 [C].1978.

[17] 李永成. 当代谬误理论研究综述 [J]. 重庆工学院学报（社会科学版），2008（05）.

[18] 崔清田，王左立. 非形式逻辑与批判性思维[J]. 社会科学辑刊，2002（04）.

[19] 周志荣. 对塔斯基的逻辑后承概念定义的辩护 [J]. 湖北大学学报（哲学社会科学版），2015（03）.

[20] G. 谢尔，刘新文. 逻辑基础问题（中）[J]. 世界哲学，2017（05）.